航天科技图书出版基金资助出版

航天电子专业常见
安全隐患排查指导手册

夏 刚 主编

中国宇航出版社

·北京·

图书在版编目(CIP)数据

航天电子专业常见安全隐患排查指导手册 / 夏刚主编 . -- 北京 : 中国宇航出版社,2018.4

ISBN 978 - 7 - 5159 - 1466 - 4

Ⅰ.①航… Ⅱ.①夏… Ⅲ.①航天器－电子器件－安全隐患－手册Ⅳ.①V443 - 62

中国版本图书馆 CIP 数据核字(2018)第 089549 号

责任编辑　侯丽平　　**封面设计**　宇星文化

出 版 发 行	**中国宇航出版社**		
社　址	北京市阜成路 8 号　**邮 编**　100830	**版　次**	2018 年 4 月第 1 版
	(010)60286808　　(010)68768548		2018 年 4 月第 1 次印刷
网　址	www.caphbook.com	**规　格**	787×1092
经　销	新华书店	**开　本**	1/16
发行部	(010)60286888　　(010)68371900	**印　张**	10.75
	(010)60286887　　(010)60286804(传真)	**字　数**	261 千字
零售店	读者服务部　　(010)68371105	**书　号**	ISBN 978 - 7 - 5159 - 1466 - 4
承　印	河北画中画印刷科技有限公司	**定　价**	198.00 元

本书如有印装质量问题,可与发行部联系调换

航天科技图书出版基金简介

航天科技图书出版基金是由中国航天科技集团公司于 2007 年设立的，旨在鼓励航天科技人员著书立说，不断积累和传承航天科技知识，为航天事业提供知识储备和技术支持，繁荣航天科技图书出版工作，促进航天事业又好又快地发展。基金资助项目由航天科技图书出版基金评审委员会审定，由中国宇航出版社出版。

申请出版基金资助的项目包括航天基础理论著作，航天工程技术著作，航天科技工具书，航天型号管理经验与管理思想集萃，世界航天各学科前沿技术发展译著以及有代表性的科研生产、经营管理译著，向社会公众普及航天知识、宣传航天文化的优秀读物等。出版基金每年评审 1～2 次，资助 20～30 项。

欢迎广大作者积极申请航天科技图书出版基金。可以登录中国宇航出版社网站，点击"出版基金"专栏查询详情并下载基金申请表；也可以通过电话、信函索取申报指南和基金申请表。

网址：http://www.caphbook.com

电话：(010) 68767205，68768904

《航天电子专业常见安全隐患排查指导手册》
编 写 组

主　　编　　夏　刚

副 主 编　　侯建国　　严忠清　　常明祖　　廖世宾

编写人员　　桑　峣　　张新岐　　李益民　　逯广岭　　穆京伟
　　　　　　刘　杰　　赵倩毅　　赵　岩　　潘　程　　张彦杰
　　　　　　蒋　怡　　刘　琳　　王　冰　　黄　鑫　　张　洋
　　　　　　王元元　　马　鑫　　张景程　　房　兴　　奚海霞
　　　　　　李　辉　　戴建国　　秦　浪　　王　瑶　　孙晓东
　　　　　　沈　杰　　张　宇　　方淑华　　肖　尧　　王一川

序

近年来，中国航天电子技术研究院（以下简称"航天九院"）先后组织开展了冷冲压设备、承压设备、危险化学品、用电安全等专项治理活动，并以安全生产标准化建设为抓手，全面推动落实安全生产工作，安全生产管理水平和各类生产作业场所的本质安全水平得到了大幅提升。但是，面对"航天新常态"下繁重的科研生产任务，安全生产形式依然严峻，对各级各类人员的安全履职尽职能力提出了更高的要求，安全生产工作面临着新挑战，各岗位从业人员的风险辨识和隐患排查能力亟需进一步提高。为此，航天九院编制《航天电子专业常见安全隐患排查指导手册》（以下简称《手册》），拟在安全管理实践中进行推广和应用，提高各级各类人员安全生产隐患排查能力，规范现场管理，杜绝安全生产事故发生。

《手册》以航天九院在长期安全生产工作中发现和收集的常见隐患为编制依据，以航天电子产品研制流程为主线，对航天电子专业型号产品实现全过程中常见安全隐患进行概括提炼，形成隐患示例图和规范示例图，并对隐患的主要危害、整改措施以图文并茂的形式予以展示，直观醒目地反映各类科研生产作业场所可能存在的安全风险、隐患，并提出规范要求。《手册》体现了法律法规、国家标准及航天行业标准规范的最新要求，具有较强的实用性、指导性和操作性，对提高各级各类人员风险辨识和隐患排查能力，有重要的指导意义。

《手册》分为管理要求、任务准备（水、电、气、冷、暖等动力站房等）、物资准备（含化工库、危险化学品库、材料库、元器件库等）、零部件加工（含机械加工、热处理、表面处理、特材加工、印制板生产、线缆生产等场所）、组（总）装调试（含电子装联、仪表装配、集成电路生产等场所）、测试与试验（含外场）共 6 个章节，覆盖了航天电子产品研制的全过程，本《手册》中的案例适用于航天电子专业各类应用，其他专业作业现场可参考借鉴。

《手册》编制过程中得到了各级领导的指导和大力支持，得到了航天九院各单位的大力协助，在此一并表示感谢。同时，由于时间紧迫和水平有限，《手册》中难免会有不足，敬请读者指正。

2017 年 6 月

目　录

第1章　管理要求

　　本章从安全生产管理的关键环节入手，选取规章制度建立、责任制落实、安全教育培训、隐患排查治理及应急等较易出现问题和隐患的关键点入手，以图文并茂的形式对隐患和规范形式进行示例。

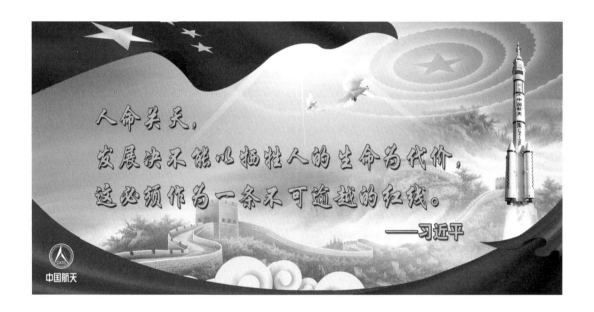

隐患示例	规范示例
安全生产管理规章制度目录 序号　　　文件名称 1　　XXX厂安全生产管理办法 2　　XXX厂岗位安全责任制 3　　XXX厂安全生产考核管理规定 4　　XXX厂安全生产监督检查及隐患整改管理办法 5　　XXX厂安全技术措施计划管理规定 6　　XXX厂女工劳动保护管理办法 7　　XXX厂危险点管理办法 8　　XXX厂承揽商入所作业安全管理规定 9　　XXX厂车间班组安全生产管理规定 10　XXX厂建设项目安全设施"三同时"监督管理办法 11　XXX厂临时用电安全管理规定 12　XXX厂危险化学品管理规定 *规章制度不全，缺少危险作业安全审批管理规定*	**安全生产管理规章制度目录** 序号　　　文件名称 1　　XXX厂安全生产管理办法 2　　XXX厂岗位安全责任制 3　　XXX厂安全生产考核管理规定 4　　XXX厂安全生产监督检查及隐患整改管理办法 5　　XXX厂安全技术措施计划管理规定 6　　XXX厂女工劳动保护管理办法 7　　XXX厂危险点管理办法 8　　XXX厂承揽商入所作业安全管理规定 9　　XXX厂车间班组安全生产理规定 10　XXX厂建设项目安全设施"三同时"监督管理办法 11　XXX厂危险作业安全审批管理规定 12　XXX厂临时用电安全管理规定 13　XXX厂危险化学品管理规定 *制定危险作业安全审批管理规定*

引用依据：《航天武器装备安全生产标准化考评细则第1部分：综合管理》（Q/QJA 101.1A—2016）5.2规章制度　单位应建立健全安全生产规章制度。

主要危害：安全规章制度未覆盖安全管理全流程、全范围，导致安全职责不清楚，引发事故。

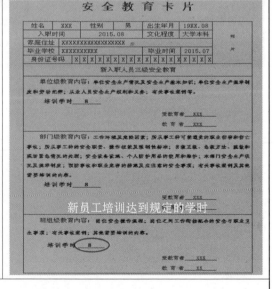

隐患示例	规范示例
安全教育卡片 *新员工培训未达到规定的学时* 培训学时 6	安全教育卡片 *新员工培训达到规定的学时* 培训学时 8

引用依据：《生产经营单位安全培训规定》第十五条　生产经营单位新上岗的从业人员，岗前培训时间不得少于24学时。

主要危害：员工培训未达到规定的学时，安全知识及技能不能满足工作要求，导致事故发生。

隐患示例　　　　　　　　　　规范示例

（《安全隐患整改通知单》存根及《安全隐患整改通知单》表单）

左侧标注：**隐患整改未闭环验证**

右侧标注：**隐患整改进行闭环验证**

引用依据：《航天武器装备安全生产标准化考评细则第 1 部分：综合管理》（Q/QJA 101.1A—2016）7.3 隐患治理　1）根据隐患排查的结果，及时组织整改，实现闭环管理。
主要危害：隐患整改未完成或未进行验证，隐患未消除，导致事故。

隐患示例　　　　　　　　　　规范示例

（评审记录表单）

评审名称：引进 XXXX 设备的评审

左侧标注：**未对新设备安全性进行评审**

右侧标注：**对新设备的安全性进行评审**

引用依据：《航天武器装备安全生产标准化考评细则第 1 部分：综合管理》（Q/QJA 101.1A—2016）11 设计、工艺安全性　2）在试运行、投入使用前，按要求进行安全评审。
主要危害："五新"或新、改、扩建项目未进行安全评审，危险源辨识不充分，易在使用过程中造成事故。

隐患示例	规范示例

二〇XX年责任书签订情况检查表

检查人：XXX　XX　　　　　　　　　　时间：XX. XX

序号	部　门	在岗人数	签订人数	签订率	备注
1	办公室	23	23	100%	
2	经营计划处	7	7	100%	
3	市场处	11	11	100%	
4	科研生产处	21	21	100%	
5	质量处	15	15	100%	
6	工艺处	5	5	100%	
7	技改投资处	11	11	100%	
8	物资处	70	70	100%	
9	安全生产处	10	10	100%	
10	XXXX车间	86	83	97%	
11	财务处	13	13	100%	
12	人力资源处	10	10	100%	
13	纪检监察审计处	8	8	100%	
14	行政处	46	46	100%	
15	保卫处	10	10	100%	
16	保密处	6	6	100%	
17	党群工作处	9	9	100%	
18	研发中心	225	225	100%	
19	XXX事业部	140	138	99%	

未全员签订责任书

二〇XX年责任书签订情况检查表

检查人：XXX　XX　　　　　　　　　　时间：XX. XX

序号	部　门	在岗人数	签订人数	签订率	备注
1	办公室	23	23	100%	
2	经营计划处	7	7	100%	
3	市场处	11	11	100%	
4	科研生产处	21	21	100%	
5	质量处	15	15	100%	
6	工艺处	5	5	100%	
7	技改投资处	11	11	100%	
8	物资处	70	70	100%	
9	安全生产处	10	10	100%	
10	XXXX车间	86	86	100%	
11	财务处	13	13	100%	
12	人力资源处	10	10	100%	
13	纪检监察审计处	8	8	100%	
14	行政处	46	46	100%	
15	保卫处	10	10	100%	
16	保密处	6	6	100%	
17	党群工作处	9	9	100%	
18	研发中心	225	225	100%	
19	XXX事业部	140	140	100%	

全员签订责任书

引用依据：《航天武器装备安全生产标准化考评细则第1部分：综合管理》（Q/QJA 101.1A—2016）2.2责任制落实考核　4）逐级对全员安全生产责任制的落实情况进行考核。

主要危害：未全员签订责任书，易造成安全生产责任制落实不到位。

隐患示例	规范示例

XXX厂安全生产应急预案汇编

版　本：＿＿＿A＿＿＿

受控状态：＿＿＿＿＿＿

编　号：＿＿001＿＿

发布日期：2009年4月1日

实施日期：2009年4月1日

未按规定每3年对预案进行修订评审

中国航天科技集团公司第九研究院XXX厂

XXX厂安全生产应急预案汇编

版　本：＿＿＿A＿＿＿

受控状态：＿＿＿＿＿＿

编　号：＿＿001＿＿

发布日期：2016年4月1日

实施日期：2016年4月1日

按要求每3年修订评审应急预案

中国航天科技集团公司第九研究院XXX厂

引用依据：《航天武器装备安全生产标准化考评细则第1部分：综合管理》（Q/QJA 101.1A—2016）16.2应急预案　2）应急预案每3年评审一次。

主要危害：未及时修订评审应急预案，易造成应急预案不适宜，存在安全管理风险。

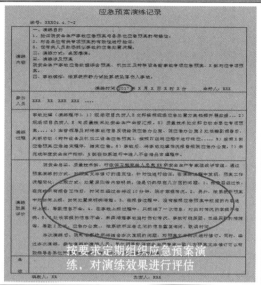

隐患示例	规范示例
应急预案未定期演练，未对演练效果进行评估	按要求定期组织应急预案演练，对演练效果进行评估

引用依据:《航天武器装备安全生产标准化考评细则第1部分：综合管理》（Q/QJA 101.1A—2016）16.4 应急演练　按要求定期组织生产安全事故综合应急预案、专项应急预案、现场处置方案的培训和演练；对演练效果进行评估，及时更新完善应急预案。
主要危害:未按要求定期组织应急预案演练并进行效果评估，造成应急预案不适宜，存在安全管理风险。

隐患示例

XXXXX处 XXXX年度综合考核表

序号	考核内容	分值	考评分数	考评结果	备注
1	完成经济指标XXX万。	40	40	优	
2	无严重产品质量问题。	20	20	优	
……	……	…	…	…	…
7	未发生失窃密事件。	10	10	优	
	合计：	100	98	优	

未对安全生产目标和指标完成情况进行考核

规范示例

XXXXX处 XXXX年度综合考核表

序号	考核内容	分值	考评分数	考评结果	备注
1	完成经济指标XXX万。	30	30	优	
2	无严重产品质量问题。	20	20	优	
3	未发生安全生产事故，人员伤亡事故为零。	10	10	优	
……	……	…	…	…	…
8	未发生失窃密事件。	10	10	优	
	合计：	100	100	优	

对安全生产目标和指标完成情况进行考核

引用依据:《航天武器装备安全生产标准化考评细则第1部分：综合管理》（Q/QJA 101.1A—2016）1.2目标　3）对企业和各职能部门、基层单位年度安全生产目标和指标完成情况进行监测和考核。
主要危害:未对年度安全生产目标和指标完成情况进行监测和考核，年度安全生产目标和指标不能实现，存在安全管理风险。

第 2 章　任务准备

本章共 5 个部分，包含变配电站，气源站、空压机、液氮站，制氢制氧站，锅炉房，环保设施等为产品研制提供保障条件的风险较大作业场所，从设备设施的运行、维护、管理流程中可能导致重大人员伤亡的常见隐患点入手，对建筑物、设备设施、运行过程、安全附件、人员防护、应急物资等方面可能产生的常见隐患进行示例。

2.1　变配电站

隐患示例	规范示例

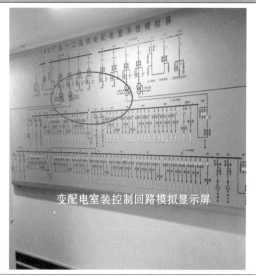

引用依据：《航天武器装备安全生产标准化考评细则第 11 部分：通用设备与作业》（Q/QJA 101.11A—2016）31.1　（1）应有高、低压供电系统图，变配电站平面位置图，架空线路和电力电缆平面图，并且与实际相符。

主要危害：配电室未配置控制回路模拟显示屏，误操作易造成事故。

隐患示例	规范示例

引用依据：《20 kV 及以下变电所设计规范》（GB 50053—2013）　6.2.5　地面宜采用耐压、耐磨、防滑、易清洁的材料铺装。

主要危害：配电室未铺设绝缘垫，检修操作易造成事故。

隐患示例	规范示例
 线槽洞口未封堵	 线槽洞口封堵

引用依据:《危险场所电气防爆安全规范》(AQ 3009—2007)6.1.1.3.9　导线在隔离密封盒内不得有接头。导管通过墙、楼板、地坪时隔离密封件与墙面、楼板、地坪的距离不应超过 300 mm，并应将孔洞严密堵塞。

主要危害: 进出配电室的高低压线槽洞口未封堵，小动物进入易造成事故。

隐患示例	规范示例
 变配电室未装挡鼠板	 变配电室装挡鼠板

引用依据:《20kV 及以下变电所设计规范》(GB 50053—2013)　6.2.4　变压器室、配电室、电容器室等房间应设置防止雨、雪和蛇、鼠类小动物从采光窗、通风窗、门、电缆沟等进入室内的设施。

主要危害: 小动物进入易造成事故。

隐患示例	规范示例

引用依据：《电器装置安装工程 盘、柜及二次回路接线施工及验收规范》(GB 50171—2012) 5.0.7 盘、柜内带电母线应有防止触及的隔离防护装置。

主要危害：配电箱内裸露母线未安装防护设施，易引起触电事故。

隐患示例	规范示例

引用依据：《航天武器装备安全生产标准化考评细则第 11 部分：通用设备与作业》 (Q/QJA 101.11A—2016) 33.2 1) 箱柜操动机构应可靠分断，各个电气单元应绝缘良好、接头无外露，安装牢固并排列整齐。

主要危害：配电柜内出线无防护，易导致触电事故。

隐患示例	规范示例
 配电柜内接地线脱落	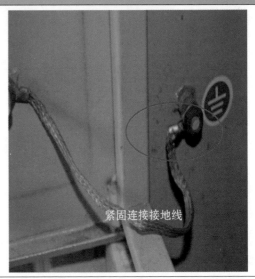 紧固连接接地线

引用依据:《建筑电气工程施工质量验收规范》(GB 50303—2011) 6.11　柜、屏、台、箱、盘的金属框架及基础型钢必须接地(PE)或接零(PEN)可靠;装有电器的可开启门,门和框架的接地端子间应用裸编织铜线连接,且有标识。

主要危害:配电柜内接地线脱落,易发生触电事故。

隐患示例	规范示例
 屋面配电柜和桥架连接处未做防雨水措施	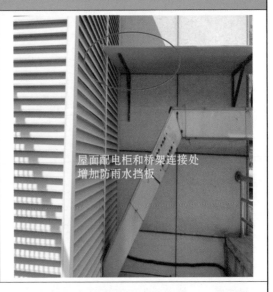 屋面配电柜和桥架连接处增加防雨水挡板

引用依据:《低压配电设计规范》(GB 50054—2011) 7.1.2　配电线路的敷设环境应符合下列规定:2)应防止在使用过程中因水的侵入或因进入固体物带来的损害。

主要危害:室外配电柜和桥架连接处,未做防雨水措施,易导致短路跳闸。

隐患示例	规范示例
配电室窗户未安装防小动物纱网	配电室窗户安装防小动物纱网

引用依据：《20kV 及以下变电所设计规范》（GB 50053—2013）　6.2.4　变压器室、配电室、电容器室等房间应设置防止雨、雪和蛇、鼠类小动物从采光窗、通风窗、门、电缆沟等进入室内的设施。

主要危害：窗户未安装纱网，小动物进入易造成事故。

隐患示例	规范示例
配电柜前方有杂物阻碍柜门开启	清除配电柜前方杂物

引用依据：《航天武器装备安全生产标准化考评细则第 11 部分：通用设备与作业》（Q/QJA 101.11A—2016）33.2 安装　3）箱（柜、板）前方（或下方）1.2 m 的范围内应无障碍物。

主要危害：配电柜前方有杂物，妨碍应急操作。

隐患示例	规范示例
 检修过程中断开的隔离开关未悬挂"禁止合闸，有人工作"标示牌	 隔离开关悬挂"禁止合闸 有人工作"标示牌

引用依据：《电业安全工作规程》（GB 26164.1—2010） 6.5.1 在一经合闸即可送电到工作地点的断路器（开关）和隔离开关（刀闸）的操作把手上，均应悬挂"禁止合闸 有人工作"的标示牌。
主要危害：检修过程中误操作易导致人员触电。

隐患示例	规范示例
 检修未悬挂警示牌及安全锁	 检修悬挂警示牌及安全锁 禁止合闸 有人工作

引用依据：《电业安全工作规程》（GB 26164.1—2010） 6.5.1 在一经合闸即可送电到工作地点的断路器（开关）和隔离开关（刀闸）的操作把手上，均应悬挂"禁止合闸 有人工作"的标示牌。
主要危害：未悬挂检修警示牌和绝缘锁，误操作易引起触电。

隐患示例	规范示例
　变配电室未配备安全用具	变配电室配备安全用具

引用依据：《航天武器装备安全生产标准化考评细则第 11 部分：通用设备与作业》（Q/QJA 101.11A—2016）31.4 安全用具　安全用具应完备，检定合格，在有效期内使用。

主要危害：变配电室未配备检定合格的安全用具，易导致人员触电。

隐患示例	规范示例
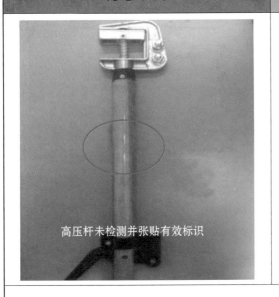高压杆未检测并张贴有效标识	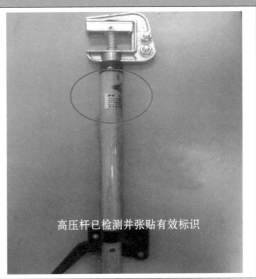高压杆已检测并张贴有效标识

引用依据：《高压电力用户用电安全》（GB/T 31989—2015）7.5.2　电气安全工器具应严格遵照国家和行业规定进行定期试验和检测。

主要危害：高压绝缘工具未检测，失效易引起触电事故。

隐患示例	规范示例
 绝缘鞋未检定	 绝缘鞋定期检定，标识清晰

引用依据：《航天武器装备安全生产标准化考评细则第 11 部分：通用设备与作业》（Q/QJA 101.11A—2016）31.4 安全用具　安全用具应完备，检定合格，在有效期内使用。
主要危害：安全用具失效易造成人员触电。

隐患示例	规范示例
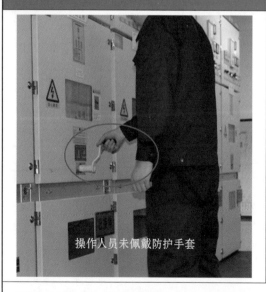 操作人员未佩戴防护手套	 操作人员正确佩戴防护手套

引用依据：《电力安全工作规程》（发电厂和配电站电气部分）（GB 26860—2011）5.2.3　接触设备的外壳和架构时，应戴绝缘手套。
主要危害：操作人员未佩戴防护手套，易导致触电。

2.2　气源站、空压站、液氮站

隐患示例	规范示例

引用依据：　《航天武器装备安全生产标准化考评细则第 11 部分：通用设备与作业》　（Q/QJA 101.11A—2016）25.2　3）螺杆式空压机的门、盖应确保运行时不得开启或拆卸。

主要危害：空压机柜门运行时未关闭，易导致机械伤人。

隐患示例	规范示例

引用依据：《固定式压力容器安全监察规程》（TSG R0004—2009）第一百四十条　弹簧式安全阀应当有防止随便拧动调整螺钉的铅封装置。第一百四十四条　校验合格后，校验单位应当出具校验报告书并且对校验合格的安全阀加装铅封。

主要危害：安全阀铅封脱落，可能导致状态失控，一旦压力容器超压易引起爆炸。

隐患示例	规范示例

引用依据：《固定式压力容器安全监察规程》（TSG R0004—2009）第一百四十七条　压力表安装前应当进行校验，在刻度盘上应当划出指示最高工作压力的红线，注明下次校验日期。压力表校验后应当加铅封。
主要危害：压力表超期未检定，系统压力显示不准确，系统压力存在误差，易导致压力容器超压引起容器爆炸。

隐患示例	规范示例

引用依据：《压力管道安全技术监察规程》（TSG D0001—2009）第五十三条　为了保证法兰接头的密封要求，设计时应当遵循以下原则：（6）垫片根据流体性质、使用温度、压力以及法兰封面等因素选用，垫片的密封载荷与法兰的压力等级、密封面形式和表面粗糙度以及紧固件相匹配。
主要危害：存在泄漏隐患，可能发生低温烫伤。

隐患示例	规范示例
 液氮站安全阀未检测	 液氮站安全阀已检测

引用依据：《固定式压力容器安全监察规程》（TSG R0004 –2009）第一百四十条　弹簧式安全阀应当有防止随便拧动调整螺钉的铅封装置。第一百四十四条　校验合格后，校验单位应当出具校验报告书并且对校验合格的安全阀加装铅封。
主要危害：安全阀未检测，可能导致状态失控，一旦压力容器超压易引起爆炸。

隐患示例	规范示例
 液氮站压力表未检测	 液氮站压力表已检测

引用依据：《固定式压力容器安全监察规程》（TSG R0004—2009）第一百四十七条　压力表安装前应当进行校验，在刻度盘上应当划出指示最高工作压力的红线，注明下次校验日期。压力表校验后应当加铅封。
主要危害：压力表失灵导致管道压力无法测定，易导致压力容器超压，引起容器爆炸。

隐患示例	规范示例

液氮站未配备应急物资	液氮站配备应急物资

引用依据：《生产经营单位安全生产事故应急预案编制导则》（GB/T 29639—2013）6.7 应急物资与装备保障　明确应急处置所需的物资与装备数量、管理和维护、正确使用等。6.8.3　物资装备保障　明确生产经营单位的应急物资和装备的类型、数量、性能、存放位置、管理责任人及其联系方式等内容。9.2　列出应急预案涉及的主要物资和装备名称、型号、性能、数量、存放地点、运输和使用条件、管理责任人和联系电话等。
主要危害：遇到突发紧急情况无法及时处理。

2.3　制氢制氧站

隐患示例	规范示例
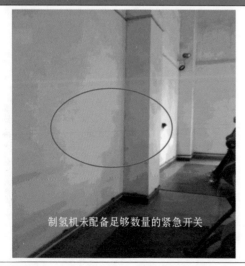	
制氢机未配备足够数量的紧急开关	增加配备紧急开关

引用依据：《生产设备安全卫生设计总则》（GB 5083—1999）5.6.2.2　紧急开关必须有足够的数量，应在所有控制点和给料点都能迅速而无危险地触及到。
主要危害：出现故障时无法紧急停机，造成事故。

隐患示例	规范示例

氢氧气站入口未装静电释放设备	配备静电释放设备

引用依据：《航天武器装备安全生产标准化考评细则第 6 部分：航天电子》（Q/QJA 101.6A—2016）1.14

管理要求：操作人员应按规定着装，进入氢氧站导消人体静电，禁止携带火种、非防爆无线通信工具。

主要危害：人体静电未导消引起氢气爆炸。

隐患示例	规范示例

氢氧站气体输送管道法兰盘 连接处未跨接	法兰盘连接处跨接

引用依据：《航天武器装备安全生产标准化考评细则第 6 部分：航天电子》（Q/QJA 101.6A—2016）

1.4.5　当长金属物的弯头、阀门、法兰盘等连接处的过渡电阻大于 0.03 Ω 时，连接处应采用金属线跨接。

主要危害：气体高速流动产生静电导致爆炸。

隐患示例	规范示例
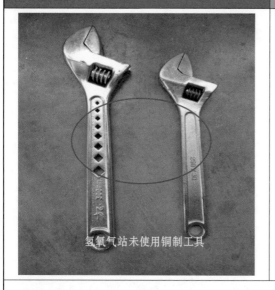 氢氧气站未使用铜制工具	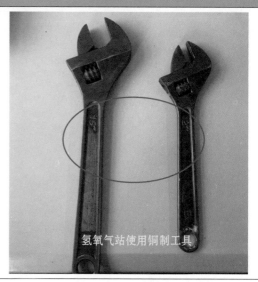 氢氧气站使用铜制工具

引用依据：《氢气使用安全技术规程》（GB 4962—2008）4.2.3　作业时使用不产生火花的工具。
主要危害：在维修过程中产生火花引起爆炸。

隐患示例	规范示例
 未穿戴防静电工作服、工作鞋	 穿戴防静电工作服、工作鞋

引用依据：《中华人民共和国安全生产法》第五十四条　从业人员在作业过程中，应当严格遵守本单位的安全生产规章制度和操作规程，服从管理，正确佩戴和使用劳动防护用品。
主要危害：静电导致爆炸。

2.4　锅炉房

隐患示例	规范示例
 锅炉墙体破损	 锅炉墙体完好

引用依据:《锅炉安全技术监察规程》(TSG G0001—2012)8.1.6 安全运行要求　　(7)燃烧设备损坏、炉墙倒塌或者锅炉构架被烧红等,严重威胁锅炉安全运行时,应当立即停炉。
主要危害: 易引起锅炉爆炸。

隐患示例	规范示例
 锅炉排污阀有裂痕导致地面积水	 锅炉排污阀完好

引用依据:《航天武器装备安全生产标准化考评细则第 11 部分:通用设备与作业》(Q/QJA 101.11A—2016)23.1.2　接口部位的焊缝、法兰等部件应无变形、无腐蚀、无裂纹、无过热及渗漏,漆色(膜)应完好。
主要危害: 泄漏易导致伤人。

隐患示例	规范示例
 阀门法兰连接松动	 阀门法兰连接完好

引用依据：《航天武器装备安全生产标准化考评细则第 11 部分：通用设备与作业》（Q/QJA 101.11A—2016）23.1.3　连接管元件应无异常振动，无摩擦、无松动。
主要危害：高温蒸汽泄漏导致人员灼烫。

隐患示例	规范示例
 水位不清晰	 水位清晰可见

引用依据：《航天武器装备安全生产标准化考评细则第 11 部分：通用设备与作业》（Q/QJA 101.11A—2016）21.2　2）应有最低和最高极限水位标志线，水位清晰可见。
主要危害：水位表水位指示不清晰，易导致爆炸事故。

隐患示例	规范示例
 防护栏杆缺损	 防护栏杆牢固

引用依据：《固定式钢梯及钢平台安全技术规范》（GB 4053—2009）4.5.2 防护栏杆制造安装工艺确保所有构件及其连接部分表面光滑，无锐角、尖角、毛刺或其他可能对人员造成伤害或妨碍其通过的外部缺陷。
主要危害：易导致人员跌落、摔伤等伤害。

隐患示例	规范示例
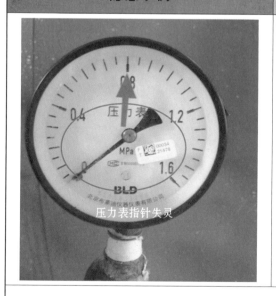 压力表指针失灵	 压力表指针正常

引用依据：《航天武器装备安全生产标准化考评细则第 11 部分：通用设备与作业》（Q/QJA 101.11A—2016）23.3 压力表 指示灵敏、刻度清晰、铅封完整，装设点应方便观察。
主要危害：易导致爆炸事故。

隐患示例	规范示例
 压力表超期使用	 压力表在有效期内使用

引用依据：《锅炉安全技术监察规程》（TSG G0001—2012）6.2.5 压力表停止使用情况　压力表有下列情况之一时，应当停止使用：（3）封印损坏或者超过校验期。
主要危害：指示不准确存在超压爆炸风险。

隐患示例	规范示例
 锅炉压力表无最高压力刻度标线	 锅炉压力表有最高压力刻度标线

引用依据：《锅炉安全技术监察规程》（TSG G0001—2012）6.2.3 压力表校验　压力表安装前应当进行校验，刻度盘上应当划出指示工作压力的红线，注明下次校验日期。压力表校验后应当加铅封。
主要危害：导致锅炉超压爆炸。

隐患示例	规范示例

引用依据：《中华人民共和国安全生产法》第五十四条　从业人员在作业过程中，应当严格遵守本单位的安全生产规章制度和操作规程，服从管理，正确佩戴和使用劳动防护用品。
主要危害：导致人员灼烫和机械伤害。

隐患示例	规范示例

引用依据：《航天武器装备安全生产标准化考评细则第 1 部分：综合管理》（Q/QJA 101.1A—2016）14.2　1）岗位员工应正确穿戴使用个体防护用品，无"三违"行为。
主要危害：导致人员高处坠落事故。

2.5 环保设施

隐患示例	规范示例
 雨季当铍废水池水满时，容易溢出至雨水池、污水池，造成污染	 增高水池高度并设置防护罩，防止铍废水溢出至其他水池，造成污染

引用依据：《中华人民共和国水污染防治法》第九条　单位和个体工商户排放水污染物，不得超过国家和本市规定的水污染物排放标准及重点水污染物排放总量控制指标。

主要危害：导致含特种材料废水进入雨水池、污水池，造成环境污染。

隐患示例	规范示例
 电镀废气未设置酸雾净化装置	 电镀废气设置酸雾净化塔

引用依据：《航天武器装备安全生产标准化考评细则第 11 部分：通用设备与作业》（Q/QJA 101.11A—2016）15　7）产生有毒有害气体的槽体周边应设置有效的通风装置。《大气污染物综合排放标准》（GB 16297—1996）7.4　新污染源的排气筒一般不应低于 15 m。

主要危害：未设置酸雾净化装置，易导致环境污染及人员中毒。

第 3 章　物资准备

本章包含危险化学品库、材料库、元器件库等产品研制前物资材料存放保管中风险较大的场所，从物资的采购、保管、存放、下料、分发过程中可能导致重大人员伤亡的常见隐患点入手，对建筑物、设备设施、安全附件、存储方式、物料运输、人员防护等方面可能产生的常见隐患进行示例。

隐患示例	规范示例
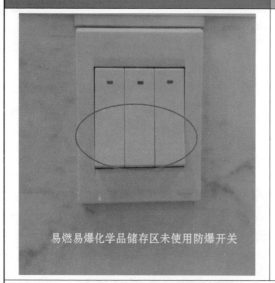 易燃易爆化学品储存区未使用防爆开关	 易燃易爆化学品储存区使用防爆开关

引用依据：《危险化学品安全管理条例》（2013 年）（中华人民共和国国务院令第 645 号）第二十条
生产、储存危险化学品的单位，应当根据其生产、储存的危险化学品的种类和危险特性，在作业场所
设置相应的监测、监控、通风、防晒、调温、防火、灭火、防爆、泄压、防毒、中和、防潮、防雷、
防静电、防腐、防泄漏以及防护围堤或者隔离操作等安全设施、设备。
主要危害：易燃易爆化学品储存区未使用防爆开关，导致火灾爆炸。

隐患示例	规范示例
 防爆开关接口未封堵	 防爆开关接口封堵

引用依据：《危险场所电气防爆安全规范》（AQ 3009—2007）6.1.2.1.7　电气设备多余的电缆引入口
应用适合于相关防爆型式的堵塞元件进行封堵。
主要危害：防爆开关多余的接头未封堵，导致火灾爆炸。

隐患示例	规范示例

易燃易爆气瓶间无静电导消装置	安装静电导消装置

引用依据：《危险化学品安全管理条例》（2013 年）（中华人民共和国国务院令第 645 号）第二十条　生产、储存危险化学品的单位，应当根据其生产、储存的危险化学品的种类和危险特性，在作业场所设置相应的监测、监控、通风、防晒、调温、防火、灭火、防爆、泄压、防毒、中和、防潮、防雷、防静电、防腐、防泄漏以及防护围堤或者隔离操作等安全设施、设备。
主要危害：静电积累积聚并意外释放，造成火灾爆炸。

隐患示例	规范示例
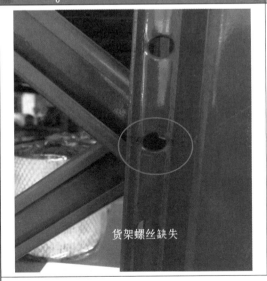	
货架螺丝缺失	货架螺丝齐全

引用依据：《生产过程安全卫生要求总则》（GB 12801—2008）5.8.1.2 要求　d）存放物品的货架、容器等，应具有相应的强度、刚度、耐腐蚀性能。
主要危害：货架缺少螺丝，导致货架倒塌伤人。

隐患示例	规范示例
 危险化学品货物堆放距离墙面不满足间距要求	 危险化学品货物堆放距离墙面符合间距要求，不小于30cm

引用依据：《易燃易爆性商品储藏养护技术条件》（GB 17914—2013）6.2 堆垛间距　c）墙距大于或等于 30 cm。

主要危害： 发生事故不易救援，导致灾害扩大。

隐患示例	规范示例
 货物码放不牢固、过高且无限高标识	 货物码放整齐且设置限高标识线

引用依据：《航天武器装备安全生产标准化考评细则》（Q/QJA 101.11A—2016）　37.3.1　储存物品的堆放牢固、合理、便于移动，无超高堆垛。

主要危害： 货物码放不牢固、过高，造成货物倒塌伤人。

隐患示例	规范示例
 氢气汇流间无残氢排放管	 氢气汇流间安装残氢排放管

引用依据：《氢气站设计规范》（GB 50177—2005）12.0.9　氢气放空管，应设阻火器。阻火器应设在管口处。放空管的设置，应符合以下规定：1 应引至室外，放空管管口应高出屋脊 1 m；2 应有防雨侵入和杂物堵塞的措施；3 压力大于 0.1 MPa 时，阻火器后的管材，应采用不锈钢管。

主要危害：氢气汇流间残余氢气积聚，造成火灾、爆炸。

隐患示例	规范示例
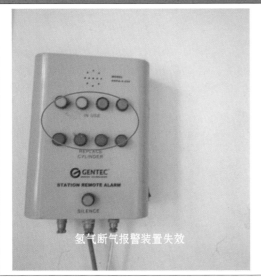 氢气断气报警装置失效	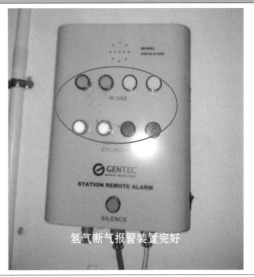 氢气断气报警装置完好

引用依据：《航天武器装备安全生产标准化考评细则第 6 部分：航天电子》（Q/QJA 101.6A—2016）1.4 电气安全、防雷、防静电设施　7）爆炸危险场所应设氢气监测报警装置，完好有效，并应与防爆排风机联动。

主要危害：氢气断气报警装置失效，残余氢气积聚，造成火灾、爆炸。

隐患示例	规范示例
 氢气汇流间摆放杂物	 氢气汇流排间整洁规范

引用依据：《航天武器装备安全生产标准化考评细则第 1 部分：综合管理》（Q/QJA 101.1A—2016）14.1　4）作业现场定置与定置管理图一致，应急通道畅通、标志清晰，应急照明、消防器材配置齐全完好；现场通风、照明设施配置齐全完好有效，地面清洁平整无油污。

主要危害：堆放杂物，易积聚静电产生火花引起爆炸或爆炸造成二次伤害。

隐患示例	规范示例
 气瓶库房防倾倒措施无效	 防倾倒措施有效可靠

引用依据：《航天武器装备安全生产标准化考评细则第 11 部分：通用设备与作业》（Q/QJA 101.11A—2016）24.2.4　设置有效的防倾倒措施。

主要危害：气瓶倾倒撞击地面，造成气体泄漏、爆炸。

隐患示例	规范示例
 待转运气瓶无瓶帽、防震圈等安全附件	 气瓶瓶帽、防震圈等安全附件齐全

引用依据：《航天武器装备安全生产标准化考评细则第 11 部分：通用设备与作业》（Q/QJA 101.11A—2016）24.1.3　瓶帽、瓶阀、防震圈、爆破片等安全附件齐全。
主要危害：待转运气瓶无瓶帽、防震圈等安全附件，一旦磕碰易造成气体泄漏、爆炸。

隐患示例	规范示例
 气瓶无检验合格标识	 气瓶检验合格标识清晰

引用依据：《航天武器装备安全生产标准化考评细则第 11 部分：通用设备与作业》（Q/QJA101.11A—2016）24　1）瓶体漆色、色环、校验日期、字样应清晰。
主要危害：使用未检定合格的气瓶，可能导致状态失控造成气瓶爆炸。

隐患示例	规范示例
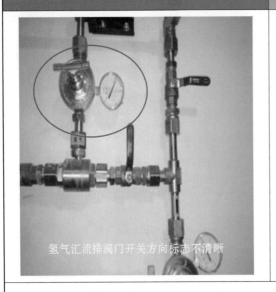 氢气汇流排阀门开关方向标志不清晰	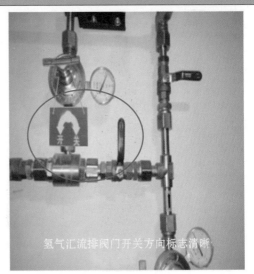 氢气汇流排阀门开关方向标志清晰

引用依据：《金属密封球阀》（GB/T 21385—2008）5.15.5　手柄或手轮上应有表示开关方向的标志。
主要危害：人员误操作，导致超压造成火灾、爆炸。

隐患示例	规范示例
 标签不清晰、破损、缺失或与实物不符	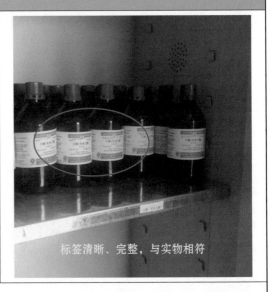 标签清晰、完整，与实物相符

引用依据：《常用化学危险品贮存通则》（GB 15603—1995）4.6 标志　贮存的化学危险品应有明显的标志，标志应符合 GB 190 的规定。
主要危害：人员误操作，易造成火灾等。

隐患示例	规范示例
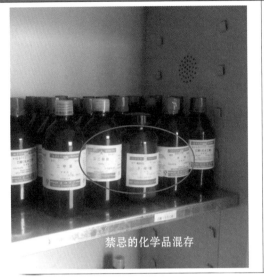 禁忌的化学品混存	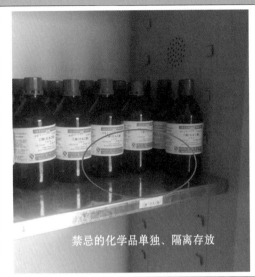 禁忌的化学品单独、隔离存放

引用依据：《常用化学危险品贮存通则》（GB 15603—1995）4.8 根据危险品性能分区、分类、分库贮存。各类危险品不得与禁忌物料混合贮存。6.7 易燃液体、遇湿易燃物品、易燃固体不得与氧化剂混合贮存，具有还原性的氧化剂应单独存放。

主要危害：禁忌的化学品混存，易造成中毒、火灾等。

隐患示例	规范示例
 叉车载人作业	 叉车严禁载人作业

引用依据：《工业车辆安全要求和验证》（GB10827—2014）14.1.3 除了备有乘客专座外，车辆不得载客作业。

主要危害：叉车载人作业过程中，造成坠落伤人。

隐患示例	规范示例
 叉车转运过高货物未倒行	 转运过高货物必须倒行

引用依据：《工业车辆安全要求和验证》（GB10827—2014）14.1.5.1　如车辆在运行（运输）状态时载荷阻挡视线，则车辆运行时，载荷必须位于车辆运行方向的后方。
主要危害：驾驶员视线不清，造成人员伤害。

隐患示例	规范示例
 叉车无检定合格证	 叉车粘贴检定合格证

引用依据：《中华人民共和国特种设备安全法》（中华人民共和国主席令第四号）第十五条　特种设备生产、经营、使用单位对其生产、经营、使用的特种设备应当进行自行检测和维护保养，对国家规定实行检验的特种设备应当及时申报并接受检验。
主要危害：使用未进行年检车辆作业，易发生故障造成事故。

隐患示例	规范示例
 起重机械吊装宽大或较重货物时，货物未按要求使用牵引绳套	 起重机械吊装宽大物件作业必须使用牵引绳

引用依据：《起重机械安全规程第 1 部分：总则》（GB 6067.1—2010）17.2.5　移动载荷应符合下列要求：载荷刚被吊离地面时，要保证安全，而且载荷在吊索具或提升装置上要保持平衡。
主要危害：吊物重心不稳，导致起重伤害。

隐患示例	规范示例
 起重机械在吊装货物时，歪拉斜吊	 起重机械在吊装货物时垂直起吊

引用依据：《起重机械安全规程第 1 部分：总则》（GB 6067.1—2010）17.2.5　移动载荷应符合下列要求：d）起重机械不许斜向拖拉物品。
主要危害：起重机械歪拉斜吊，导致钢丝绳和行车受力不均发生事故。

隐患示例	规范示例
 起重机械在起吊货物时，有人站在货物上方	 起重机械在吊物时未站人作业

引用依据：《起重机械安全规程第1部分：总则》（GB 6067.1—2010）5.1.2　1）有下述情况之一时，司机不应进行操作：d）被吊物体上有人或浮置物。

主要危害：起重机械在起吊货物时，有人站在货物上方，造成人员跌落。

隐患示例	规范示例
 起重机械起吊物未标明重量	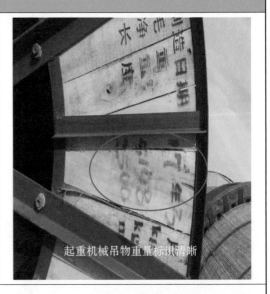 起重机械吊物重量标识清晰

引用依据：《起重机械安全规程第1部分：总则》（GB 6067.1—2010）17.2.2　起吊载荷的质量应符合下列要求：a）除了按18.2.1规定的试验要求之外，起重机械不得起吊超过额定载荷的物品。

主要危害：吊物重量不明，造成起重伤害。

隐患示例	规范示例
 起重机械吊装货物，钢丝绳与棱角部位未加衬垫	 起重机械吊装货物，钢丝绳与棱角部位增加衬垫

引用依据：《起重机械安全规程第 1 部分：总则》（GB 6067.1—2010）5.1.2.1　有下述情况之一时，司机不应进行操作：c）捆绑、吊挂不牢或不平衡而可能滑动，重物棱角处与钢丝绳之间未加衬垫等。
主要危害：棱刃物与钢丝绳直接接触容易切断钢丝绳，造成起重伤害。

隐患示例	规范示例
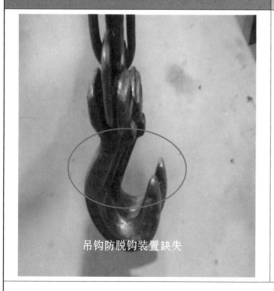 吊钩防脱钩装置缺失	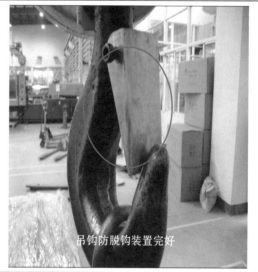 吊钩防脱钩装置完好

引用依据：《起重机械安全规程第 1 部分：总则》（GB 6067.1—2010）4.2.2.3　当使用条件或操作方法会导致重物意外脱钩时，应采用防脱绳带闭锁装置的吊钩。
主要危害：安全装置缺失，造成起重伤害。

隐患示例	规范示例
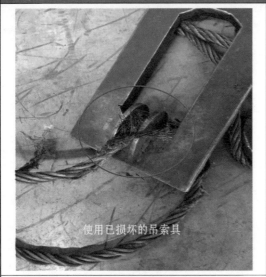 使用已损坏的吊索具	 完好的吊索具

引用依据：《航天武器装备安全生产标准化考评细则第 11 部分：通用设备与作业》（Q/QJA 101.11A—2016）3.6.5 钢丝绳出现绳径局部增大，实际直径增加 5％以上，断股或钢丝绳腐蚀造成局部松弛等情况时，严禁使用。
主要危害：吊索具损坏，造成起重伤害。

隐患示例	规范示例
 吊索具未标明载荷标识	 标明载荷标识的吊索具

引用依据：《航天武器装备安全生产标准化考评细则》（Q/QJA 101.11A—2016）3.6.3 使用单位应对吊具与索具进行保养，定期检查，吊具与索具应定置摆放，且有明显的载荷标识。
主要危害：吊索具超载使用，造成起重伤害。

隐患示例	规范示例
 起重机械操作人员在吊装货物时，未按要求穿戴劳保用品	 起重机械操作人员在吊装货物时，按要求穿戴劳保用品

引用依据：《起重机械安全规程第1部分：总则》（GB 6067.1—2010）13.3　人员的安全装备指派人员应保证安全装备符合下列要求：a）人员安全装备适合工作现场状况，如安全帽、安全眼镜、安全带、安全靴和听力保护装置。
主要危害：作业人员未穿戴防护用品，造成起重伤害。

隐患示例	规范示例
 物料搬运过程中，未穿防砸鞋	 物料搬运过程中，正确穿防砸鞋

引用依据：《航天武器装备安全生产标准化考评细则第11部分：综合管理》（Q/QJA 101.1A—2016）14.1.5　个体防护用品使用符合要求。
主要危害：搬运物料过程中，意外掉落，造成搬运人员砸伤。

第 4 章 零部件加工

本章共 6 个部分，包含零部件加工中的机械加工、热处理、表面处理、特种材料、印制板生产、线缆生产风险较大作业场所，从零件加工生产工艺流程中可能导致重大人员伤亡的常见隐患点入手，对设备设施、操作过程、安全附件、人员防护、应急物资等方面可能产生的常见隐患进行示例。

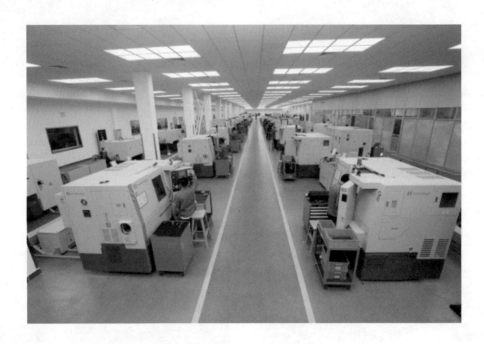

4.1 机械加工场所

隐患示例	规范示例
 机床照明未采用安全电压	 机床照明采用24V安全电压

引用依据: 《航天武器装备安全生产标准化考评细则第 11 部分: 通用设备与作业》 (Q/QJA 101.11A—2016) 1.1 6) 局部照明或移动照明应采用安全电压, 线路无老化, 绝缘无破损。
主要危害: 漏电导致人员触电。

隐患示例	规范示例
 数控机床无安全联锁装置 或安全联锁装置失效	 数控机床增加可靠安全 联锁装置并定期检查

引用依据: 《航天武器装备安全生产标准化考评细则第 11 部分: 通用设备与作业》 (Q/QJA 101.11A—2016) 1.1 3) 各种限位、联锁装置、开关、操作手柄应灵活、可靠。
主要危害: 机床门打开时旋转刀具伤手。

隐患示例	规范示例
 机床电气系统线路绝缘破损	 线路具有足够的绝缘强度

引用依据：《用电安全导则》（GB/T 13869—2008）6.7　用电产品的电气线路须具有足够的绝缘强度、机械强度和导电能力并定期检查。

主要危害：漏电导致人员触电。

隐患示例	规范示例
 在设备外壳未通过电源线或电源控制箱可靠接地时，外壳未单独接地	 机床外壳可靠接地

引用依据：《航天武器装备安全生产标准化考评细则第 11 部分：通用设备与作业》（Q/QJA 101.11A—2016）1.1　5）接地线应连接可靠。

主要危害：漏电导致人员触电。

隐患示例	规范示例
 高速大切削量加工时，未设置防护挡板或防护网	 高速大切削量加工时，设置防护网

引用依据：《金属切削机床　安全防护通用技术条件》（GB 15760—2004）5.11.5 飞溅　应避免冷却液、切屑飞溅造成的滑倒、伤人等危险。如加工区的防护不足以防止溅向操作者，则应设置附加的防护挡板。
主要危害：切屑飞出伤人。

隐患示例	规范示例
 安装刀具时未紧固	 安装卡盘、刀具、工装、工件时必须牢固

引用依据：《金属切削加工 安全要求》（JB 7741—1995）5.2.1　切削加工的工件必须牢固，防止加工过程中松动或抛出造成危险。
主要危害：卡盘、刀具、工装、工件等飞出伤人。

隐患示例	规范示例
 将工（刀、量）具、工件等放在导轨、尾座、刀架、床头上	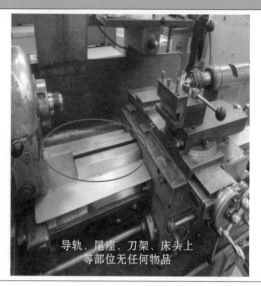 导轨、尾座、刀架、床头上等部位无任何物品

引用依据：《金属切削加工 安全要求》（JB 7741—1995）5.4.1　在起动机床前，机床导轨和运动部分上面不得放有任何物品。

主要危害：工（刀、量）具、工件等飞出伤人。

隐患示例	规范示例
 机床运转过程中，进行测量、调整工件、装卸刀夹具等操作	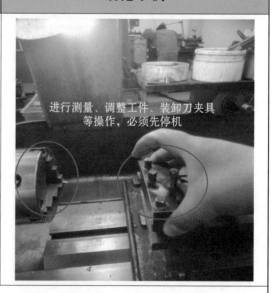 进行测量、调整工件、装卸刀夹具等操作，必须先停机

引用依据：《金属切削加工 安全要求》（JB 7741—1995）5.9.2　在工件、工具和机床的运动部分运转过程中不得用手触摸。5.9.3　在加工过程中需用手工测量工件尺寸时，必须先停机才能检查。

主要危害：刀具、工件等飞出伤人；旋转部件伤手。

隐患示例	规范示例
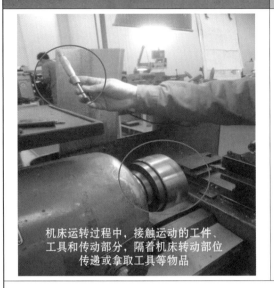 机床运转过程中，接触运动的工件、工具和传动部分，隔着机床转动部位传递或拿取工具等物品	 机床运转过程中，禁止接触运动的工件、工具和传动部分，隔着机床转动部位传递或拿取工具等物品应停机

引用依据：《金属切削加工 安全要求》（JB 7741—1995）5.9.4 不得隔着机床正运动的部分拿取或放置任何物品。

主要危害：易导致物品掉入机床旋转部位，造成物品飞出伤人；旋转部件伤手。

隐患示例	规范示例
 车床运转过程中，操作者未站在安全位置	 车床运转过程中，操作者应站在避开主轴旋转切线方向的安全位置

引用依据：《金属切削加工 安全要求》（JB 7741—1995）5.4.3 机床开动后，操作者必须站在安全位置，避开机床运动部分和飞溅的切屑等。

主要危害：机床部件、工件、切屑等飞溅伤人。

隐患示例	规范示例
 平面磨床加工时，工作台未使用防护挡板	 平面磨床加工时，工作台应使用防护挡板

引用依据：《磨削机械安全规程》（GB 4674—2009）3.8　平面磨床工作台的两端或四周应设防护挡板，以防被磨工件飞出。
主要危害：砂轮破损、工件等飞出伤人。

隐患示例	规范示例
 工作服未做到"三紧"（袖口紧、领口紧、下摆紧）	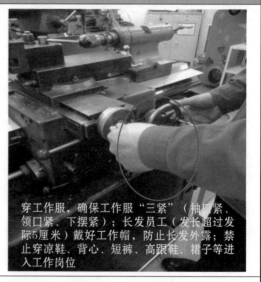 穿工作服，确保工作服"三紧"（袖口紧、领口紧、下摆紧）；长发员工（发长超过发际5厘米）戴好工作帽，防止长发外露；禁止穿凉鞋、背心、短裤、高跟鞋、裙子等进入工作岗位

引用依据：《航天武器装备安全生产标准化考评细则第1部分：综合管理》（Q/QJA 101.1A—2016）14.2.1　岗位员工应正确穿戴使用个体防护用品，无"三违"行为。
主要危害：裸露的衣物、头发等卷入旋转部位、切屑飞出导致人身伤害。

隐患示例	规范示例
 冲床未装设安全联锁装置或安全联锁装置失效	 冲床装设光电感应联锁装置并定期检查

引用依据：《冷冲压安全规程》（GB 13887—2008）6.1.1 工厂应为操作者提供安全装置，以保护操作者人身安全，只要工作状态能够允许安装和使用安全装置，应必须安装和使用。

主要危害：人手等部位进入冲压区域造成机械伤害。

隐患示例	规范示例
 机床旋转部位无防护装置	 机床旋转部位防护装置完好

引用依据：《金属切削机床 安全防护通用技术条件》（GB 15760—2004）5.2.3.1 有可能造成缠绕、吸入或卷入等危险的运动部件和传动装置应予以封闭或设置安全防护装置、或使用信息，除非它们所处位置是安全的。

主要危害：衣物、头发卷入裸露的旋转部位，导致伤人。

隐患示例	规范示例
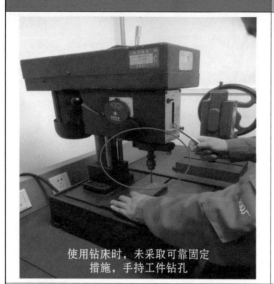 使用钻床时，未采取可靠固定措施，手持工件钻孔	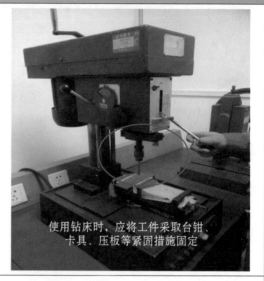 使用钻床时，应将工件采取台钳、卡具、压板等紧固措施固定

引用依据：《航天武器装备安全生产标准化考评细则第 1 部分：综合管理》（Q/QJA 101.1A—2016）14.2.1　岗位员工应正确穿戴使用个体防护用品，无"三违"行为。
主要危害：折断的钻头、工件飞出、旋转伤人。

隐患示例	规范示例
 砂轮机防护罩缺失	 砂轮机应配备防护罩

引用依据：《磨削机械安全规程》（GB 4674—2009）3.10　磨削机械上所有砂轮、电机、皮带轮和工件头架等回转件，应设防护罩。
主要危害：砂轮破碎飞出伤人。

隐患示例	规范示例
 砂轮机砂轮磨损严重	砂轮直径磨损的极限尺寸应符合相关要求

引用依据：《磨削机械安全规程》（GB 4674—2009）砂轮直径磨损的极限尺寸应符合尺寸规定。
主要危害：砂轮破碎飞出伤人。

隐患示例	规范示例
 托刀架与砂轮间距大于3 mm	 托刀架与砂轮间距小于3 mm

引用依据：《磨削机械安全规程》（GB 4674—2009）4.8　砂轮与工件托架之间的距离应小于被磨工件最小外形尺寸的二分之一，最大不准超过 3 mm。
主要危害：刀具或砂轮卡住破损，飞溅伤人。

隐患示例	规范示例

引用依据:《磨削机械安全规程》(GB 4674—2009)　3.12　干磨用磨削机械应备有吸尘器。5.9　磨削机械的除尘装置应定期检查和维修,以保持其除尘能力。
主要危害:粉尘吸入,易造成尘肺病。

隐患示例	规范示例
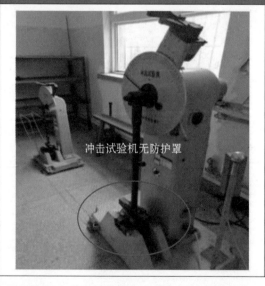	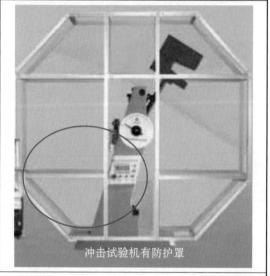

引用依据:《航天武器装备安全生产标准化考评细则第6部分:航天电子》(Q/QJA 101.6A—2016)8.4.6　冲击试验设备运动部位防护罩完好。
主要危害:冲击时断裂试样、摆锤飞出伤人。

隐患示例	规范示例

剪板机安全防护挡板与台面间隙 过大，无法起到防护作用	剪板机应根据工艺特点采取 有效的安全防护措施

引用依据：《剪切机械安全规程》（GB 6077—85）4.2.1　对剪切机刀架和压料装置的危险部位应设置防护栅栏、防护挡板、防护罩、防护网之类的遮挡式防护装置。

主要危害：人员手部进入危险区域，易造成剪切伤害。

隐患示例	规范示例

石墨加工中心运行时防护门开启	设备运行时防护门关闭

引用依据：《生产设备安全卫生设计总则》（GB 5083—1999）6.7.1　凡工艺过程中能产生尘埃、有害气体和其他毒物的生产设备，应尽量采用自动加料、自动卸料和密闭装置，并必须设置吸收、净化、排放装置或能与净化、排放系统连接的接口，以保证工作场所和排放的有害物浓度符合国家标准规定。

主要危害：易造成石墨粉尘逸散，引发尘肺病。

隐患示例	规范示例
 石墨加工中心除尘风管破损	 通风除尘设备及其部件应完好

引用依据：《航天武器装备安全生产标准化考评细则第 11 部分：通用设备与作业》（Q/QJA 101.11A—2016）16.2.2　吸尘罩（吸气罩）布置应合理，其金属结构件应完整、无腐蚀。

主要危害： 致使除尘效果下降，增加作业区域粉尘浓度，有可能引发尘肺病。

隐患示例	规范示例
 未按要求定期清理石墨加工中心袋式除尘器	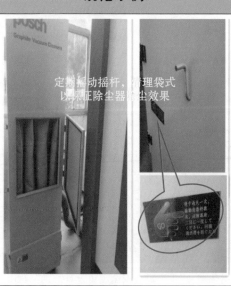 定期摇动摇杆，清理袋式以保证除尘器除尘效果

引用依据：《金属切削机床　安全防护通用技术条件》（GB 15760—2004）5.11.2.3 粉尘　工作时产生大量粉尘的机床，应采取有效的封闭措施或设置有效的吸尘装置。

主要危害： 影响袋式除尘器的除尘效率，易引发尘肺病。

隐患示例	规范示例

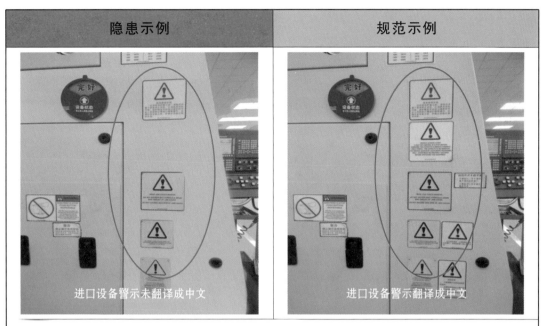

进口设备警示未翻译成中文　　进口设备警示翻译成中文

引用依据：《机械电气安全指示、标志和操作第 2 部分：标志要求》（GB 18209.2—2010）5.1 概述文字信息应采用使用该机器的国家语言，如用户有要求，可用操作者和暴露人员容易理解的语言。

主要危害：未起到提示、警示作用，人员误操作，导致受伤或设备损坏。

隐患示例	规范示例

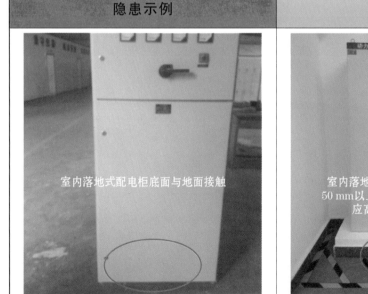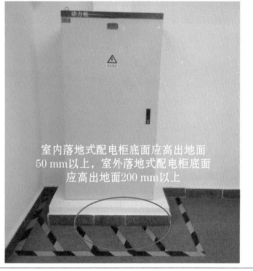

室内落地式配电柜底面与地面接触　　室内落地式配电柜底面应高出地面 50 mm以上，室外落地式配电柜底面应高出地面200 mm以上

引用依据：《低压配电设计规范》（GB 50054—2011）　4.2.1　落地式配电箱的底部宜抬高，高出地面的高度室内不应低于 50 mm，室外不应低于 200 mm。

主要危害：防止地面积水，漏电导致人员触电。

隐患示例	规范示例
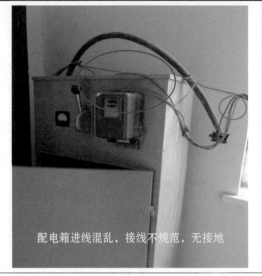 配电箱进线混乱，接线不规范，无接地	 规范布线，接地完好可靠

引用依据：《航天武器装备安全生产标准化考评细则第 11 部分：通用设备与作业》（Q/QJA 101.11A—2016）33.2.5　箱（柜、板）上应无飞线，箱（柜）内无杂物。33.3.1　箱（柜、板）内接地线与 N 线应从主干接地系统和 N 排（线）分别引入或引出，N 线端子排应对地绝缘；金属外露可导电部分应与接地线做可靠连接。

主要危害：漏电导致人员触电。

隐患示例	规范示例
 箱柜内无"动力原理接线图"	 箱柜内有"动力原理接线图"

引用依据：《航天武器装备安全生产标准化考评细则第 11 部分：通用设备与作业》（Q/QJA 101.11A—2016）33.6.2　动力箱柜内应有"动力原理接线图"，并与所控对象的名称编号相符合。

主要危害：误操作导致触电。

隐患示例	规范示例
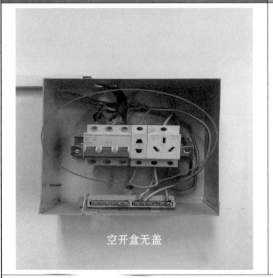 空开盒无盖	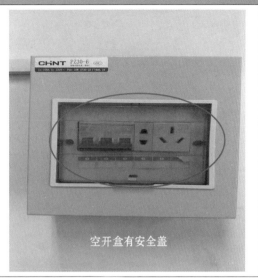 空开盒有安全盖

引用依据：《航天武器装备安全生产标准化考评细则第 11 部分：通用设备与作业》（Q/QJA 101.11A—2016）33.2　1）箱柜操动机构应可靠分断，各个电气单元应绝缘良好、接头无外露，安装牢固并排列整齐。
主要危害：导致人员触电。

隐患示例	规范示例
 危险化学品暂存柜通风口未敞开	 危险化学品暂存柜通风口敞开，且周围环境应保证通风良好

引用依据：《航天武器装备安全生产标准化考评细则第 11 部分：通用设备与作业》（Q/QJA 101.11A—2016）39.3.2　危险化学品暂存柜通风口应处于敞开状态。
主要危害：危险化学品挥发，浓度达到爆炸极限，发生火灾爆炸事故。

隐患示例	规范示例
	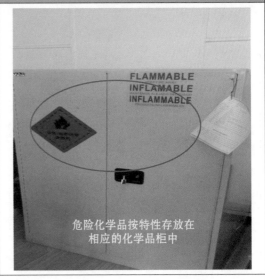
危险化学品放置在木柜中	危险化学品按特性存放在相应的化学品柜中

引用依据：《建筑设计防火规范》（GB 50016—2014）3.2.11　其中能受到甲、乙、丙类液体或可燃气体火焰影响的部位，应采取包裹不燃材料或其他防火保护措施。

主要危害：存储腐蚀性或易燃性化学品，易导致木柜腐蚀或发生火灾。

隐患示例	规范示例
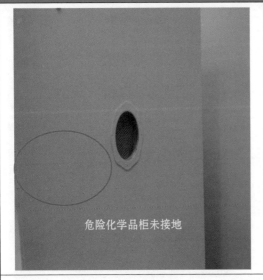	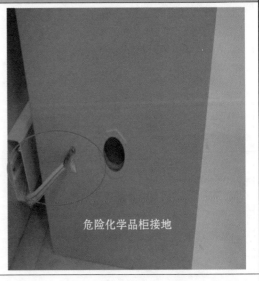
危险化学品柜未接地	危险化学品柜接地

引用依据：《航天武器装备安全生产标准化考评细则第 11 部分：通用设备与作业》（Q/QJA 101.11A—2016）39.3.3　危险化学品暂存柜接地应完好可靠。

主要危害：易产生静电引起火灾。

隐患示例	规范示例
 使用的抽油器为塑料材质	 使用铜质材料的抽油器

引用依据：《常用化学危险品贮存通则》（GB 15603—1995）8.7 修补、换装、清扫、装卸易燃、易爆物料时，应使用不产生火花的铜制、合金制或其他工具。
主要危害：易产生火花，引起火灾。

隐患示例	规范示例
 两梯之间无限制装置	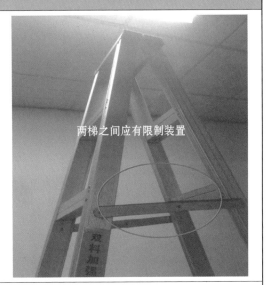 两梯之间应有限制装置

引用依据：《便携式金属梯安全要求》（GB 12142—2007）6.10 撑杆（或锁定装置）折梯应有与梯子为一体的金属撑杆（或锁定装置），使梯子的前部和后部保持在张开位置。
主要危害：登高作业时，易导致人员坠落。

隐患示例	规范示例
 气瓶无可靠的防倾倒措施	气瓶应具有可靠的防倾倒措施

引用依据： 《航天武器装备安全生产标准化考评细则第 11 部分：通用设备与作业》 （Q/QJA 101.11A—2016）24.3.3 作业现场的气瓶定置定量存放，同时应具有可靠的防倾倒措施。
主要危害： 易导致倾倒伤人、气瓶爆炸。

隐患示例	规范示例
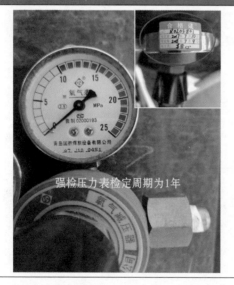 强检压力表检定周期为1年	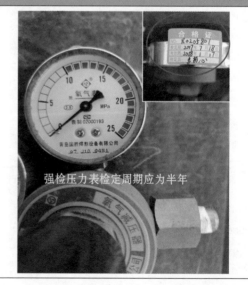 强检压力表检定周期应为半年

引用依据： 《弹性元件式一般压力表，压力真空表和真空表检定规程》(JJG 52—2013) 7.5 压力表的检定周期可根据使用环境及使用频繁程度确定，一般不超过 6 个月。
主要危害： 压力表超期，气瓶状态失控导致气瓶爆炸。

隐患示例	规范示例
 安全通道被堵塞	安全通道畅通

引用依据:《金属切削加工 安全要求》(JB 7741—1995) 4.6.7　所有通道均应做到畅通无阻。
主要危害:紧急疏散时,易导致人身伤害。

4.2　热处理场所

隐患示例	规范示例
 氢气炉间入口处未设置 人体导除静电装置	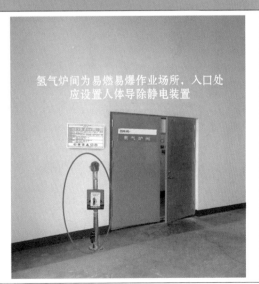 氢气炉间为易燃易爆作业场所,入口处 应设置人体导除静电装置

引用依据:《化工企业静电安全检查规程》(HG/T 23003—92) 5.9　重点防火防爆岗位的入门处,应设人体导除静电装置。
主要危害:作业人员未导除静电,进入氢气炉作业区域,易产生静电打火现象,引发爆炸事故。

隐患示例	规范示例
 炉门开门自动断电装置失效	 炉门开门自动断电装置完好

引用依据：《金属热处理生产过程安全卫生要求》（GB 15735—2012）7.2.3　对于人工进出料操作的电阻炉应具备炉门（或炉盖）打开时的自动切断电热体和风扇电源的功能。

主要危害：炉温持续对工件加热，导致人员皮肤烧伤。

隐患示例	规范示例
 硝盐炉槽液加注口未加防护盖	 硝盐炉槽液加注口增加安全防护盖

引用依据：《生产设备安全卫生设计总则》（GB 5083—1999）6.3 过冷与过热　若生产设备的灼热或过冷部位可能造成危险，则必须配置防接触屏蔽。

主要危害：未加设防护盖，存在槽液遇水发生爆炸的风险。

隐患示例	规范示例
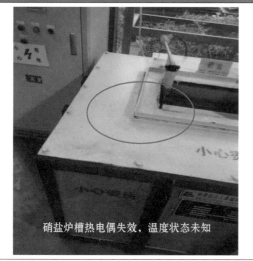 硝盐炉槽热电偶失效，温度状态未知	 硝盐炉槽设置控温、监控和报警系统，使用前进行状态完好确认

引用依据：《金属热处理生产过程安全、卫生要求》（GB 15735—2012）7.4.2　硝盐炉应配备自动控温仪表和超过580℃的报警装置，以及仪表失控时的主回路电源自动切断装置，同时至少应有两支热电偶，一支偶控温一支偶监控。

主要危害：热电偶失效，温度失控，炉槽持续升高，炉温超过580℃发生爆炸。

隐患示例	规范示例
 搬运、转移炽热工件的转运车无防止工件掉落围挡	 防止工件掉落的转运车

引用依据：《金属热处理生产过程安全、卫生要求》（GB 15735—2012）9.8.2　热处理场地使用的安全防护装置、闭锁装置以及自动控制系统等，应按相应的标准或技术文件定期检查其完好程度，不应任意废止不用或拆除。

主要危害：在搬运、转移炽热工件、夹具和吊具时，由于操作不当或未配备合适的安全工具，发生工件掉落造成人员烫伤。

隐患示例	规范示例
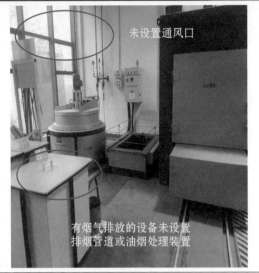 未设置通风口 有烟气排放的设备未设置排烟管道或油烟处理装置	 防爆机械通风装置 安装排烟管道

引用依据：《金属热处理生产过程安全、卫生要求》（GB 15735—2012）5.2.5　对有烟气排放的设备，应设置专门的排烟管道或油烟处理装置，烟气要达标排放。

主要危害：未设置通风排烟装置，易导致腐蚀、烧伤、火灾。

隐患示例	规范示例
 氢气炉间通风条件不良，无机械通风、气窗（排气孔）	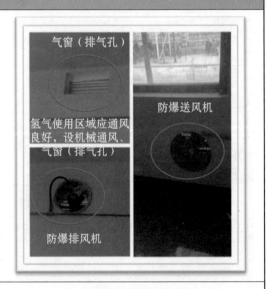 气窗（排气孔） 防爆送风机 氢气使用区域应通风良好，设机械通风、气窗（排气孔） 防爆排风机

引用依据：《氢气使用安全技术规程》（GB 4962—2008）4.1.5　氢气使用区域应通风良好，保证空气中氢气最高含量不超过1%（体积），采用机械通风的建筑物，进风口应设在建筑物下方，排风口设在上方。4.1.6　建筑物顶内平面应平整，防治氢气在顶部凹处积聚，建筑物的顶部或外墙的上部应设气窗或排气孔，排气孔应设在最高处，并朝向安全地带。

主要危害：氢气使用区域通风不良，不利于泄漏氢气的扩散，易发生爆炸事故。

隐患示例	规范示例
 氢气炉间未设置氢气检测报警装置	 可燃气体检测报警器 按规范设置可燃气体检测报警器

引用依据：《氢气使用安全技术规程》（GB 4962—2008）4.1.7　氢气有可能积聚处或氢气浓度可能增加处宜设置固定式可燃气体检测报警器，可燃气体检测报警仪应设在监测点（释放源）上方或厂房顶端，其安装高度宜高出释放源 0.5～2 m 且周围留有不小于 0.3 m 的净空，以便对氢气浓度进行监测。可燃气体检测报警仪的有效覆盖水平平面半径，室内宜为 7.5 m，室外宜为 15 m。

主要危害：不能及时发现氢气发生泄漏并采取应急措施，易发生爆炸事故。

隐患示例	规范示例
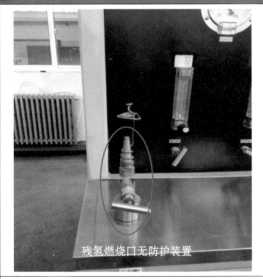 残氢燃烧口无防护装置	 安装防护装置

引用依据：《生产设备安全卫生设计总则》（GB 5083—1999）6.3 过冷与过热　若生产设备的灼热或过冷部位可能造成危险，则必须配置防接触屏蔽。

主要危害：容易造成人员烫伤。

隐患示例	规范示例
 无静电导消装置	 静电导消连接线

引用依据：《航天武器装备安全生产标准化考评细则第 11 部分：通用设备与作业》（Q/QJA 101.11A—2016）26.2 管道本体　3）输送助燃、易燃、易爆介质的管道，凡少于 5 枚螺钉连接的法兰应接跨接线，每 200 m 长度应安装导消静电接地装置，接地电阻应小于 100 Ω，定期检测合格，并保持记录。

主要危害：易造成静电积聚，发生氢气闪爆事件。

隐患示例	规范示例
 蒸汽管道腐蚀、无隔热层	 地下、半地下敷设的管道应采取防腐蚀措施，热力管道保温层应完好，无破损

引用依据：《航天武器装备安全生产标准化考评细则第 11 部分：通用设备与作业》（Q/QJA 101.11A—2016）26.2.4　地下、半地下敷设的管道应采取防腐蚀措施，热力管道保温层应完好，无破损。

主要危害：锈蚀严重的管道有可能发生高温蒸汽泄漏，造成人员烫伤；人体与无保温（隔热）层接触可能发生烫伤事故。

隐患示例	规范示例
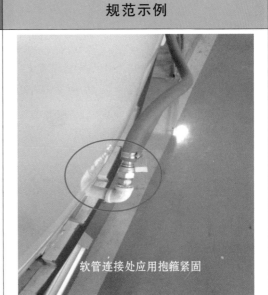 软管连接处无抱箍紧固	软管连接处应用抱箍紧固

引用依据：《航天武器装备安全生产标准化考评细则第 11 部分：通用设备与作业》（Q/QJA 101.11A—2016）85.10　设备、水、气等各类管道连接紧密，无跑冒滴漏，管道介质、流向标识齐全。
主要危害：气管受压接口崩开伤人。

4.3　表面处理场所

隐患示例	规范示例
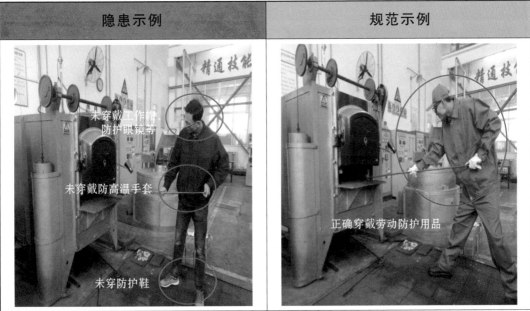 未穿戴工作帽防护眼镜等　未穿戴防高温手套　未穿防护鞋	正确穿戴劳动防护用品

引用依据：《金属热处理生产过程安全、卫生要求》（GB 15735—2012）8.1.1　操作人员必须穿戴适宜的个体防护用品。
主要危害：易发生人员烫伤事故。

隐患示例	规范示例

引用依据：《危险化学品安全管理条例》（2013 年）（中华人民共和国国务院令第 645 号）第二十条 生产、储存危险化学品的单位，应当根据其生产、储存的危险化学品的种类和危险特性，在作业场所设置相应的监测、监控、通风、防晒、调温、防火、灭火、防爆、泄压、防毒、中和、防潮、防雷、防静电、防腐、防泄漏以及防护围堤或者隔离操作等安全设施、设备。

主要危害：造成二次事故，污染土地甚至水源。

隐患示例	规范示例
	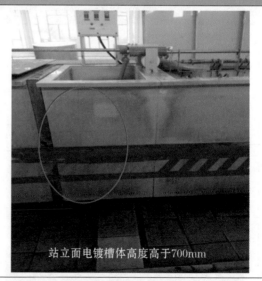

引用依据：《航天武器装备安全生产标准化考评细则第 11 部分：通用设备与作业》（Q/QJA 101.11A—2016）15.6　要求槽体应高于操作者站立面 700 mm 的高度。

主要危害：人员误跌入造成烫伤、化学灼伤、中毒等。

隐患示例	规范示例

镀金剧毒槽未上锁	镀金剧毒槽上锁

引用依据：《航天武器装备安全生产标准化考评细则第 11 部分：通用设备与作业》（Q/QJA 101.11A—2016）15.1　含剧毒物的电镀槽应设防护盖，并上锁。
主要危害：易存在剧毒物品遗失，发生中毒事故。

隐患示例	规范示例
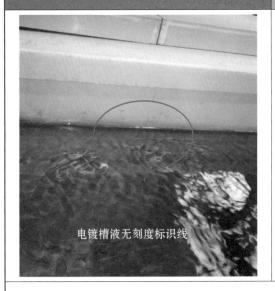	
电镀槽液无刻度标识线	电镀槽液有液位刻度标识线。液位超高或过低时应有安全控制措施

引用依据：《电镀生产装置安全技术条件》（AQ 5203—2008）15.1　装置的各种安全与警告指示应在装置的相应部位上做出明显标志。
主要危害：槽液过多溢出，易发生泄漏及人员中毒；槽液过低易发生干烧短路。

隐患示例	规范示例
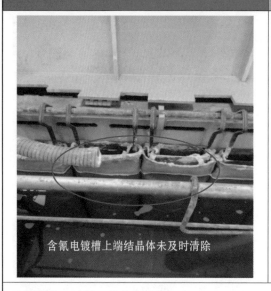	 清除电镀槽上端结晶体
含氰电镀槽上端结晶体未及时清除	

引用依据：《电镀工艺防毒技术规范》（AQ 4250—2015）　5.3.1　在使用含氰或含铬的溶液时应防止溶液接触皮肤。

主要危害：操作人员接触含毒结晶体或结晶体遗失发生中毒事故。

隐患示例	规范示例
 易燃易爆介质清洗间入口处 无导消静电装置	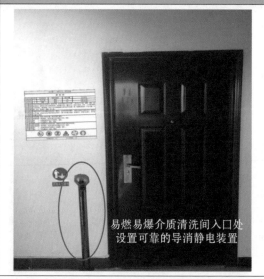 易燃易爆介质清洗间入口处 设置可靠的导消静电装置

引用依据：《生产设备安全卫生设计总则》（GB 5083—1999）6.4.1　生产、使用、贮存和运输易燃易爆物质和可燃物的生产设备，应根据其燃点、闪点、爆炸极限等不同性质采取相应预防措施：消除电火花和静电积累。

主要危害：清洗间属于易燃易爆作业场所，未导消人体静电进入场所，可能引发火灾或爆炸事故。

隐患示例	规范示例
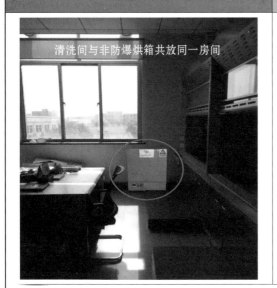	

引用依据： 《航天武器装备安全生产标准化考评细则第 11 部分：通用设备与作业》 （ Q/QJA 101.11A—2016） 43.1.1　电气设备应采用防爆型，禁止在室内拉结临时电源线路。
主要危害： 清洗间使用的无水乙醇、丙酮等清洗剂属于易燃物质，清洗间属于易燃易爆作业场所，清洗间布置的电气设备应为防爆型，若存在非防爆型设备可能引发火灾或爆炸事故。

隐患示例	规范示例
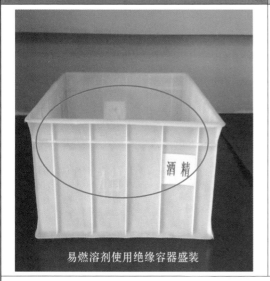	

引用依据： 《生产设备安全卫生设计总则》（GB 5083—1999） 6.4.1　生产、使用、贮存和运输易燃易爆物质和可燃物的生产设备，应根据其燃点、闪点、爆炸极限等不同性质采取相应预防措施：消除电火花和静电积累。
主要危害： 塑料容器不导电，在盛装、倾倒易燃溶剂时容易造成静电积聚，继而引发火灾事故。

隐患示例	规范示例
 蒸汽加热管未安装保温层	 蒸汽加热管安装保温层

引用依据：《电镀生产装置安全技术条件》（AQ 5203—2008）　7.13　热力管道外层应包裹保温层。
主要危害：人员意外接触时发生烫伤。

隐患示例	规范示例
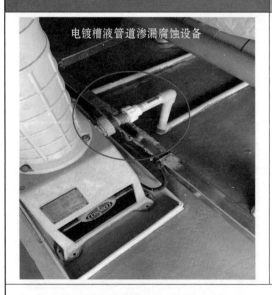 电镀槽液管道渗漏腐蚀设备	 管道连接紧密，无渗漏

引用依据：《电镀生产装置安全技术条件》（AQ 5203—2008）11.4　管道接头应严防渗漏。
主要危害：槽液腐蚀电线，造成触电、设备故障。

隐患示例	规范示例
 绝缘层破损	 绝缘层完好

引用依据：《电镀生产装置安全技术条件》（AQ 5203—2008）　6.7　导电座与槽体之间、槽体与地面之间应设有可靠的绝缘措施。

主要危害：设备漏电，易导致人员触电。

隐患示例	规范示例
 电镀槽液管道渗漏腐蚀设备及电源线	 腐蚀性环境中的配电箱应采用防腐型设备

引用依据：《航天武器装备安全生产标准化考评细则第 11 部分：通用设备与作业》（Q/QJA 101.11A—2016）33.1.2　粉尘、潮湿或露天、腐蚀性环境中的配电箱（柜、板）应采用密闭式、防腐型设备。

主要危害：电镀槽液管道渗漏腐蚀设备及电源线，作业人员与之接触，可能引发触电事故。

隐患示例	规范示例
	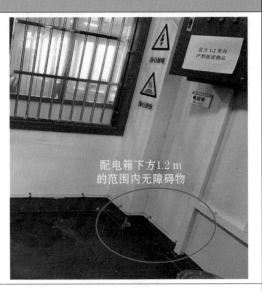

引用依据：《航天武器装备安全生产标准化考评细则第 11 部分：通用设备与作业》（Q/QJA 101.11A—2016）33.2　3）箱（柜、板）前方（或下方）1.2 m 的范围内应无障碍物。

主要危害： 紧急情况下使用配电箱受限。

隐患示例	规范示例

引用依据：《电镀生产安全操作规程》（AQ 3019—2008）4.15　电镀现场不应大量存放化学药品、原材料等。

主要危害： 大量存放化学品、原材料于作业现场，容易发生化学灼伤、火灾、中毒等事故。

隐患示例	规范示例
	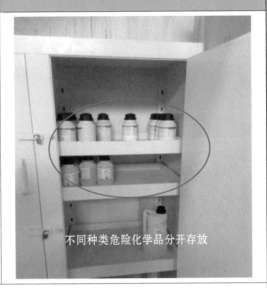
电镀用危险化学品混存	不同种类危险化学品分开存放

引用依据：《电镀化学品运输、储存、使用安全规程》（AQ 3019—2008）　6.3.2　电镀化学品按不同类别、性质、危险程度、灭火方法等隔离储存。6.3.3　禁配货料，应隔开存放。
主要危害：易引发腐蚀、中毒、火灾、爆炸事故。

隐患示例	规范示例
	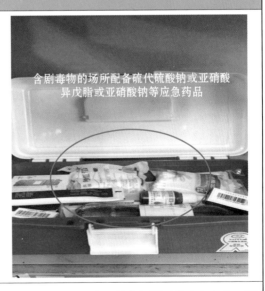
含剧毒物的场所未配备相应应急药品	含剧毒物的场所配备硫代硫酸钠或亚硝酸异戊脂或亚硝酸钠等应急药品

引用依据：《电镀工艺防尘防毒技术规范》（AQ 4250—2015）8.1.3　在电镀车间附近设立急救点，配备与有毒物质性质相适应的应急药箱和个人防护用品。
主要危害：事故发生时应急物资不齐全，救援不及时导致人员伤亡。

隐患示例	规范示例
 未设置直接照射含氰镀槽的视频监控	 设置直接照射含氰镀槽的视频监控

引用依据:《电镀工艺防尘防毒技术规范》(AQ 4250—2015)　6.7a　剧毒品使用场所应设防盗报警装置。

主要危害: 剧毒品遗失,造成人身伤害事故。

隐患示例	规范示例
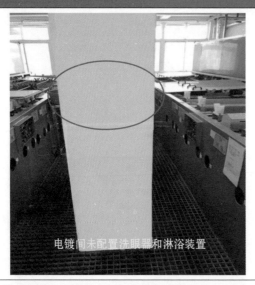 电镀间未配置洗眼器和淋浴装置	 电镀间配置洗眼器和淋浴装置

引用依据:《电镀工艺防尘防毒技术规范》(AQ 4250—2015)　8.1.2　凡接触酸、碱等腐蚀性化学品,或因事故可能发生化学性烧灼伤,以及可经皮肤吸收引起急性中毒的工作场所,应设有盥洗、冲洗眼睛、紧急事故淋浴设施,并设置不断水供水设备。

主要危害: 不能及时应急处置,造成伤害。

隐患示例	规范示例
 未正确穿戴劳动防护用品	 正确穿戴耐酸碱劳动防护用品

引用依据：《电镀工艺防尘防毒技术规范》（AQ 4250—2015）7.3　作业人员进入工作场所前，应正确使用和佩戴个人防护用品。《电镀生产安全操作规程》（AQ 5202—2008）4.11　电镀生产岗位的操作人员应配备相应的劳保防护用品，并定期发放到位。

主要危害：导致人员中毒、化学灼伤。

4.4　特材加工场所

隐患示例	规范示例
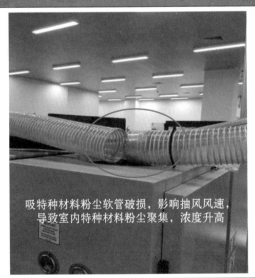 吸特种材料粉尘软管破损，影响抽风风速，导致室内特种材料粉尘聚集，浓度升高	 及时更换吸尘软管，确保完好

引用依据：《航天武器装备安全生产标准化考评细则第 6 部分：航天电子》（Q/QJA 101.11A—2016）4.4.2　特种材料加工区除尘防护系统，产生特种材料粉尘的部位应设置吸尘软管，软管无破损。

主要危害：导致室内特种材料粉尘聚集，浓度升高，特种材料尘吸入肺部导致特种材料病。

隐患示例	规范示例
 特种材料零件研磨后，使用沾有酒精、汽油的棉纱清理零件后，棉纱未及时放入盛水的密闭容器中，挥发后特种材料粉尘扬散在空气中，使特种材料粉尘浓度升高	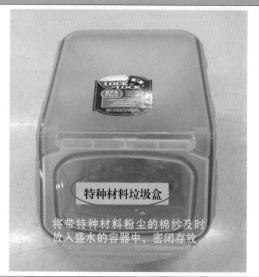 将带特种材料粉尘的棉纱及时放入盛水的容器中，密闭存放

引用依据：《航天武器装备安全生产标准化考评细则第 6 部分：航天电子》（Q/QJA 101.11A—2016）
4.4.5　废物处置，特种材料废料、废旧个体防护用品和更换的过滤棉纱应分类收集和密封存放，并由专人管理。
主要危害：特种材料尘吸入肺部导致特种材料病。

隐患示例	规范示例
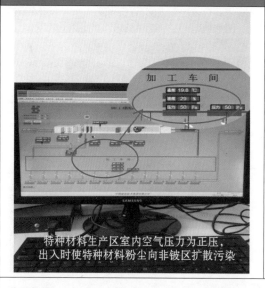 特种材料生产区室内空气压力为正压，出入时使特种材料粉尘向非铍区扩散污染	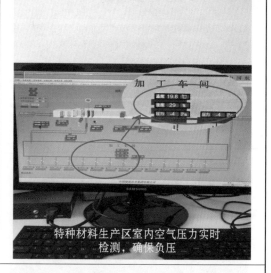 特种材料生产区室内空气压力实时检测，确保负压

引用依据：《航天武器装备安全生产标准化考评细则第 6 部分：航天电子》（Q/QJA 101.11A—2016）
4.4.2　特种材料加工区除尘防护系统，室内空气压力为负压，并对压差实时监控。
主要危害：特种材料粉尘向非特种材料区扩散，特种材料尘吸入肺部导致特种材料病。

隐患示例	规范示例

特种材料区排风口有异物遮挡，造成通风不畅，使特种材料区环境浓度升高	清除特种材料区排风口遮挡的异物，确保排风功能正常，控制降低特种材料区浓度

引用依据：《航天武器装备安全生产标准化考评细则第 6 部分：航天电子》（Q/QJA 101.11A 2016）
4.2 特种材料加工区除尘防护系统，工作台整洁，除尘排风口无异物阻挡。
主要危害：导致室内特种材料粉尘浓度升高，特种材料尘吸入肺部导致特种材料病。

隐患示例	规范示例
	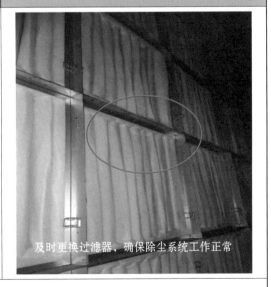
监控系统显示红色状态为过滤器报警 特种材料除尘系统报警时，未及时更换过滤器，影响抽风速度，导致室内特种材料粉尘聚集，特种材料浓度升高	及时更换过滤器，确保除尘系统工作正常

引用依据：《航天武器装备安全生产标准化考评细则第 6 部分：航天电子》（Q/QJA 101.11A—2016）
4.2.5 通风除尘过滤系统，除尘过滤器风阻增大发生报警时应立即更换。
主要危害：特种材料粉尘聚集，浓度升高，特种材料尘吸入肺部导致特种材料病。

隐患示例	规范示例
 特种材料废水处理系统污泥压滤机处理后的含特种材料污泥未及时密封收集，使特种材料粉尘污染周围工作环境	 及时密封收集，放置于特种材料废料库房

引用依据：《中华人民共和国固体废物污染环境防治法》第三章 固体废物污染环境的防治　第十七条
　　收集、贮存、运输、利用、处置固体废物的单位和个人，必须采取防扬散、防流失、防渗漏或者其他防止污染环境的措施。

主要危害：随意处置特种材料废物，易导致环境污染及尘肺病。

隐患示例	规范示例
 清理特种材料零件的棉纱在转运至特种材料废物库房过程中，废弃物未密封转运，特种材料粉尘污染环境	 按要求采取密封转运

引用依据：《中华人民共和国固体废物污染环境防治法》第三章 固体废物污染环境的防治　第十七条
　　收集、贮存、运输、利用、处置固体废物的单位和个人，必须采取防扬散、防流失、防渗漏或者其他防止污染环境的措施。

主要危害：特种材料废弃物未按要求采取密封转运，易导致环境污染。

隐患示例	规范示例
 含特种材料粉尘的废弃物在特种材料废弃物库房未密封存放，导致室内特种材料粉尘堆积	 特种材料废弃物密封存放

引用依据：《航天武器装备安全生产标准化考评细则第 6 部分：航天电子》（ Q/QJA 101.11A—2016）
4.5　废物处置，特种材料废料、废旧个体防护用品和更换的过滤棉纱应分类收集和密封存放，并由专人管理。
主要危害：特种材料废弃物未按要求密封存放，易使特种材料尘吸入肺部导致特种材料病。

隐患示例	规范示例
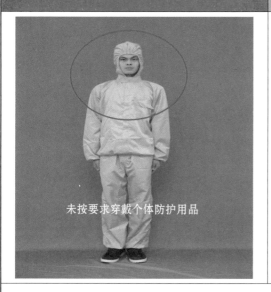 未按要求穿戴个体防护用品	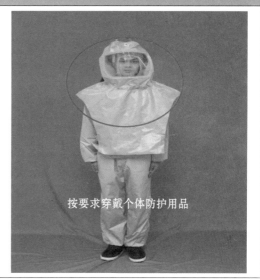 按要求穿戴个体防护用品

引用依据：《航天武器装备安全生产标准化考评细则第 6 部分：航天电子》（ Q/QJA 101.11A—2016）
4.8.8　特种材料加工区工作人员职业卫生防护与管理，按要求佩戴个体防护用品。
主要危害：未按要求穿戴个体防护用品，易使特种材料尘吸入肺部导致特种材料病。

隐患示例	规范示例
 除尘机房工作人员在更换除尘系统中高效 过滤器时未按要求佩戴隔离式呼吸器	 工作人员按要求佩戴隔离式呼吸器

引用依据：《航天武器装备安全生产标准化考评细则第 6 部分：航天电子》（ Q/QJA 101.11A—2016）
4.8.4　特种材料加工区工作人员职业卫生防护与管理，除尘机房工作人员应佩戴隔离式呼吸器。
主要危害： 未按要求佩戴个体防护用品，易使特种材料尘吸入肺部导致特种材料病。

4.5　印制板生产场所

隐患示例	规范示例
 含氰电镀槽防护盖未按要求加锁	 按要求加锁

引用依据：　《航天武器装备安全生产标准化考评细则第 11 部分：通用设备与作业》 （Q/QJA
101.11A—2016）15 酸、碱、油槽及电镀槽 1）含剧毒物的电镀槽应设防护盖，并上锁。
主要危害： 未加锁会导致溶液丢失，造成人员中毒。

隐患示例	规范示例
 机台指示灯显示设备存在故障报警，信息未处理	 机台指示灯指示正常

引用依据：《航天武器装备安全生产标准化考评细则第1部分：综合管理》（Q/QJA 101.1A—2016）14.1.5 设备、设施、工装、工具、量具、车辆、个体防护用品等使用、维护、保养与定置管理应符合要求，不得带病运行。
主要危害： 机台指示灯指示不正常，误操作造成人员伤害。

隐患示例	规范示例
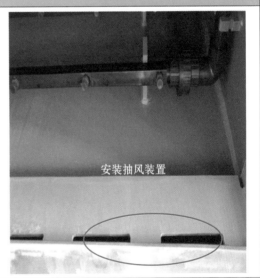 电镀槽未设置抽风装置	安装抽风装置

引用依据：《航天武器装备安全生产标准化考评细则第11部分：通用设备与作业》（Q/QJA 101.11A—2016）15 酸、碱、油槽及电镀槽7）产生有毒有害气体的槽体周边应设置有效的通风装置。《电镀工艺防尘防毒技术规范》（AQ 4250—2015）5.1.1 电镀槽边应安装局部排风设施，并定期检查通风系统运行是否正常。
主要危害： 产生的有毒有害气体易造成人员中毒或职业病。

隐患示例	规范示例
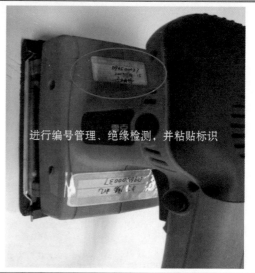 打磨机无编号，未检测	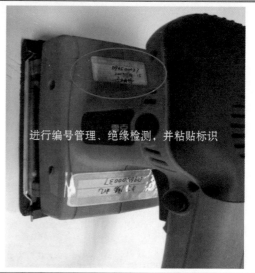 进行编号管理、绝缘检测，并粘贴标识

引用依据：《手持式电动工具管理、使用、检查和维修安全技术规程》（GB 3787—2006）　5.3.1　每年至少检查一次。5.3.5　经定期检查合格的工具，应在工具的适当部位，粘贴检查"合格"标识。

主要危害：漏电易造成人员触电。

隐患示例	规范示例
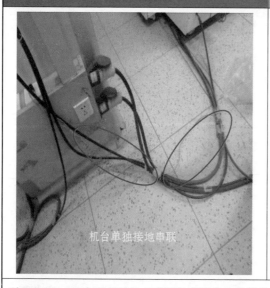 机台单独接地串联	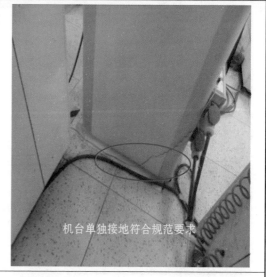 机台单独接地符合规范要求

引用依据：《电气装置安装工程接地装置施工及验收规范》（GB 50169—2016）　3.3.5　每个电气设备的接地应以单独的接地线与接地汇流排或接地干线相连接，禁止在一个接地线中串联几个需要接地的电气设备。

主要危害：漏电易造成人员触电。

隐患示例	规范示例
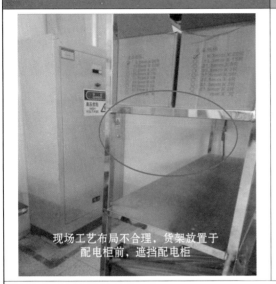 现场工艺布局不合理，货架放置于配电柜前，遮挡配电柜	 调整工艺布局，将货架挪移至安全位置

引用依据：《航天武器装备安全生产标准化考评细则第 11 部分：通用设备与作业》（Q/QJA 101.11A—2016）33.2　3）箱（柜、板）前方（或下方）1.2 m 的范围内应无障碍物。
主要危害：紧急情况下，操作配电柜受限。

隐患示例	规范示例
 配电箱柜门未锁闭	 配电箱柜门应锁闭

引用依据：《航天武器装备安全生产标准化考评细则第 11 部分：通用设备与作业》（Q/QJA 101.11A—2016）33 动力（照明）配电箱（柜、板）33.2 安装 4）箱柜应关闭严密。
主要危害：造成人员触电。

隐患示例	规范示例
 配电箱内积灰严重	 定期清理配电箱内积灰，保持柜内干净整洁

引用依据：《航天武器装备安全生产标准化考评细则第 11 部分：通用设备与作业》（Q/QJA 101.11A—2016）33.2　5）箱（柜、板）上应无飞线，箱（柜）内无杂物。
主要危害：易导致配电箱（柜）电气线路短路火灾。

隐患示例	规范示例
 印制板生产现场未配备洗眼器和喷淋装置	 配备洗眼器和喷淋装置

引用依据：《航天武器装备安全生产标准化考评细则第 1 部分：综合管理》（Q/QJA 101.1A—2016）13 职业卫生 13.1 职业卫生管理 5）对可能发生急性职业危害的有毒有害作业场所，应设置泄漏报警装置，制定应急救援预案，现场防护急救装备齐全。
主要危害：发生危害时无法采取有效应急措施，导致人身伤害。

隐患示例	规范示例
 危险废物在生产现场随意摆放	 在符合环保条件的指定区域分类摆放

引用依据：《危险废物贮存污染控制标准》（GB 18597—2001） 4.1 所有危险废物产生者和危险废物经营者应建造专用的危险废物贮存设施。4.5 禁止将不相符（相互反应）的危险废物在同一容器内混装。6.2.6 不相容的危险废物必须分开存放，并设置隔离间隔离。6.3.11 不相容的危险废物不能堆放在一起。7.6 不得将不相容的废物混合或合并存放。

主要危害：不同危险化学品泄漏后发生化学反应，导致严重环境污染或人员中毒等。

隐患示例	规范示例
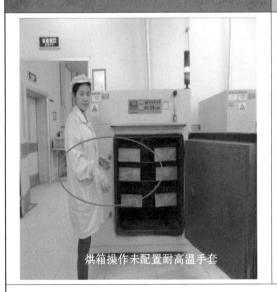 烘箱操作未配置耐高温手套	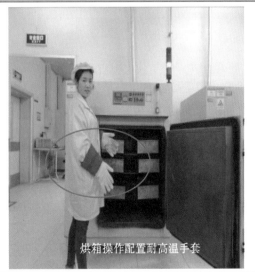 烘箱操作配置耐高温手套

引用依据：《中华人民共和国安全生产法》第五十四条 从业人员在作业过程中，应当严格遵守本单位的安全生产规章制度和操作规程，服从管理，正确佩戴和使用劳动防护用品。

主要危害：人员操作易造成烫伤。

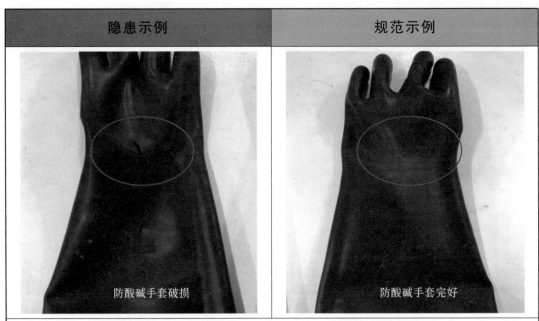

隐患示例	规范示例
防酸碱手套破损	防酸碱手套完好

引用依据：《航天武器装备安全生产标准化考评细则第 11 部分：通用设备与作业》（Q/QJA 101.11A—2016）85 作业一般要求 3) 人员经过培训方可操作设备，人员按规定穿戴个人防护用品。
主要危害： 易导致人员腐蚀伤害。

4.6　线缆生产场所

隐患示例	规范示例
拉丝机开机前，杆材打结，未理顺	拉丝机开机前，将杆材理顺后再开机

引用依据：《拉丝机工安全作业指导书》（AQ/RQGC—2016—025）3 1) 操作人员在开机前，如发现杆材打结，应将杆材理顺后方可开机，严禁边开机边抢线结。
主要危害： 造成人员划伤、割伤等伤害。

隐患示例	规范示例

拉丝机运转时收线盘防护门未关闭	拉丝机运转时收线盘防护门关闭

引用依据：《航天武器装备安全生产标准化考评细则第 11 部分：通用设备与作业》（Q/QJA101A—2016）82.1　1）防护罩、栏、盖齐全有效，脚踏开关灵敏。
主要危害：造成人员机械伤害。

隐患示例	规范示例

拉丝机现场摆放不规范，安全通道堵塞	拉丝机现场定置定位，通道畅通

引用依据：《航天武器装备安全生产标准化考评细则第 11 部分：通用设备与作业》（Q/QJA101A—2016）82.2　3）地面环境和各类操作工具保持整洁干燥。
主要危害：造成人员摔伤。

隐患示例	规范示例
 绞丝机运行时防护罩未关闭	 绞丝机运行时防护罩保持关闭状态

引用依据：《航天武器装备安全生产标准化考评细则第 11 部分：通用设备与作业》（Q/QJA101A—2016）82.1　1）防护罩、栏、盖齐全有效，脚踏开关灵敏。

主要危害：造成人员机械伤害。

隐患示例	规范示例
 点火时炉门开启，炉门旁有人员工作	 炉门点火时炉门应为关闭状态，无关人员禁止靠近

引用依据：《航天武器装备安全生产标准化考评细则第 11 部分：通用设备与作业》（Q/QJA101A—2016）82.2　2）工作中在铝炉周围，非工作人员禁止逗留；炉门、流口等危险区域，禁止无关人员靠近。

主要危害：造成人员烫伤。

隐患示例	规范示例
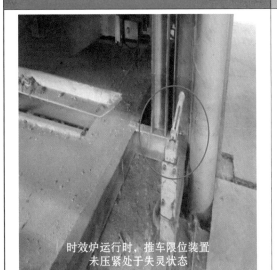 时效炉运行时，推车限位装置未压紧处于失灵状态	 时效炉运行时，推车限位装置处于压紧状态，灵敏可靠

引用依据：《航天武器装备安全生产标准化考评细则第 11 部分：通用设备与作业》（Q/QJΛ101A—2016）14.1 4）炉门、移动的炉底、加热电源均应设置联锁装置，且运行可靠。
主要危害：造成人员伤害。

隐患示例	规范示例
 时效炉超温，但设备报警异常	 时效炉测温仪表指示灯工作正常

引用依据：《航天武器装备安全生产标准化考评细则第 11 部分：通用设备与作业》（Q/QJΛ101A—2016）14.1 8）超温可能造成爆炸等事故的应设有炉温超温报警装置，且灵敏可靠。
主要危害：造成爆炸伤害。

隐患示例	规范示例
 时效炉门钢丝绳断裂	 时效炉门钢丝绳完好

引用依据：《航天武器装备安全生产标准化考评细则第 11 部分：通用设备与作业》（Q/QJA101A—2016）14.1　5）炉窑上使用的钢丝绳、滑轮应完好。
主要危害：造成人员砸伤。

隐患示例	规范示例
 成缆机限位装置失灵	 成缆机限位装置正常

引用依据：《航天武器装备安全生产标准化考评细则第 11 部分：通用设备与作业》（Q/QJA101A—2016）85　8）设备安全联锁装置完好可靠有效。
主要危害：因安全联锁装置失灵，导致操作人员被撞伤或绞伤。

隐患示例	规范示例

成缆机未安装防护罩	成缆机防护罩齐全有效

引用依据：《航天武器装备安全生产标准化考评细则第 11 部分：通用设备与作业》（Q/QJA101A—2016）82.1　1）防护罩、栏、盖齐全有效，脚踏开关灵敏。

主要危害：因旋转部位未加装防护罩，导致操作人员被绞伤。

隐患示例	规范示例

成缆机操作人员站在设备上装卸工装盘	成缆机操作人员站在地面装卸工装盘

引用依据：《生产设备安全卫生设计总则》（GB 5083—1999）5.7　生产设备上供人员作业的工作位置应安全可靠。

主要危害：无任何防护措施站在设备上操作，易操作失误造成摔伤。

隐患示例	规范示例
 接头机操作人员在作业时 未带防护眼镜和手套	 接头机操作人员在作业时 佩戴护目镜和防护手套

引用依据：《航天武器装备安全生产标准化考评细则第 11 部分：通用设备与作业》（Q/QJA101A—2016）82　3）接头机接头工位配备护目镜。

主要危害：未佩戴防护眼镜和防护手套，导致眼部和手部伤害。

隐患示例	规范示例
 挤塑机开机时，操作人员触摸加热头	 挤塑机开机时，操作人员禁止接触 加热头，保持工作位置安全可靠

引用依据：《生产设备安全卫生设计总则》（GB 5083—1999）5　7）生产设备上供人员作业的工作位置应安全可靠。

主要危害：操作人员未站在安全可靠位置操作，造成烫伤。

隐患示例	规范示例
 碎料机在开机时出现卡料，将手伸入送料口	 碎料机在开机时出现卡料，应关机后使用专用工具进行清理

引用依据：《生产设备安全卫生设计总则》（GB 5083—1999）6.1.5　在操作者接近可动零部件并有可能发生危险的紧急情况下，设备应不能启动或能立即自动停机、制动。

主要危害：未关闭设备疏通物料，造成人员机械伤害。

隐患示例	规范示例
 挤塑机开机时，牵引部位防护挡板未关闭	 挤塑机开机时，牵引部位防护挡板应保持关闭状态

引用依据：《航天武器装备安全生产标准化考评细则第 11 部分：通用设备与作业》（Q/QJA101A—2016）82.1.1　防护罩、栏、盖齐全有效，脚踏开关灵敏。

主要危害：操作人员肢体触碰造成压伤或夹伤。

隐患示例	规范示例

挤塑机开机时未戴防护口罩	挤塑机开机时已佩戴防护口罩

引用依据：《中华人民共和国安全生产法》第五十四条　从业人员在作业过程中，应当严格遵守本单位安全生产规章制度和操作规程，服从管理，正确佩戴和使用劳动防护用品。

主要危害：造成职业病伤害。

隐患示例	规范示例

辐照加工时未佩带剂量牌	辐照加工时已佩带剂量牌

引用依据：《航天武器装备安全生产标准化考评细则第 11 部分：通用设备与作业》（Q/QJA101A—2016）83.3　个人剂量监测设备、专用个体防护用品齐全。

主要危害：人体摄入剂量未统计，状态失控，造成辐射伤害。

隐患示例	规范示例
 辐照加工时门机联锁报警灯失灵	 辐照加工时门机联锁有效、报警装置警示牌齐全

引用依据：《航天武器装备安全生产标准化考评细则第 11 部分：通用设备与作业》（Q/QJA 101.11A—2016）83.2　安全联锁、红外线安全装置、急停装置、报警器、警灯、剂量报警仪齐全有效。
主要危害：人员误入造成辐射伤害。

隐患示例	规范示例
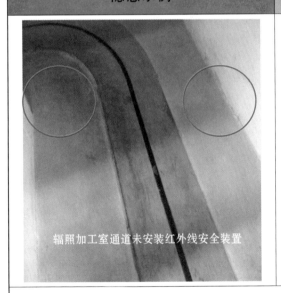 辐照加工室通道未安装红外线安全装置	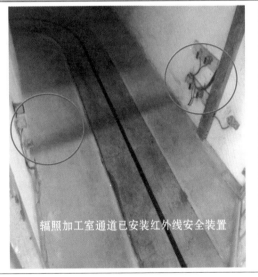 辐照加工室通道已安装红外线安全装置

引用依据：《航天武器装备安全生产标准化考评细则第 11 部分：通用设备与作业》（Q/QJA 101.11A—2016）83.2　安全联锁、红外线安全装置、急停装置、报警器、警灯、剂量报警仪齐全有效。
主要危害：红外线安全联锁失灵，操作人员误入，造成辐射伤害。

隐患示例	规范示例
 辐照加工时安全联锁未锁	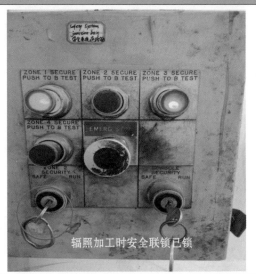 辐照加工时安全联锁已锁

引用依据：《航天武器装备安全生产标准化考评细则第11部分：通用设备与作业》（Q/QJA 101.11A—2016）83.2　安全联锁、红外线安全装置、急停装置、报警器、警灯、剂量报警仪齐全有效。
主要危害：设备安全联锁未上锁，操作人员误入，造成辐射伤害。

隐患示例	规范示例
 钢丝预处理设备运行时，将防护罩打开	 钢丝预处理设备运行时，防护罩保持关闭状态

引用依据：《航天武器装备安全生产标准化考评细则第11部分：通用设备与作业》（Q/QJA101A—2016）82.1.1　防护罩、栏、盖齐全有效，脚踏开关灵敏。
主要危害：设备运行时将防护罩打开，造成人员被夹伤或绞伤。

隐患示例	规范示例
 钢丝预处理设备在开机状态时，操作人员从理线笼穿越观察设备	 钢丝预处理设备在开机状态时，操作人员从安全通道观察设备

引用依据：《航天武器装备安全生产标准化考评细则第 1 部分：综合管理》（Q/QJA101.1A—2016）
14.2　1）岗位员工应正确穿戴使用个体防护用品，无"三违"行为。

主要危害： 操作人员跨越钢丝，被绊倒，导致摔伤或其他伤害。

隐患示例	规范示例
 起重机械在吊运物料时未戴安全帽	 起重机械在吊运物料时必须佩戴安全帽

引用依据：《起重机械安全规程第 1 部分：总则》（GB 6067.1—2010）13.3　人员的安全装备指派人员
应保证安全装备符合下列要求：a）人员安全装备适合工作现场状况，如安全帽、安全眼镜、安全带、
安全靴和听力保护装置。

主要危害： 作业人员未穿戴防护用品，可能被吊物砸伤。

隐患示例	规范示例

氩弧焊机运行过程中，操作人员未佩戴防护面具	氩弧焊机运行过程中，操作人员佩戴防护面具

引用依据：《航天武器装备安全生产标准化考评细则第 11 部分：通用设备与作业》 （Q/QJA 101.11A—2016）85　3）人员经过培训持证方可操作设备，人员按规定穿戴个体防护用品。
主要危害：造成人员灼伤。

隐患示例	规范示例

氩弧焊机运行过程中开启防护罩	氩弧焊机运行过程中保持防护罩关闭状态

引用依据：《航天武器装备安全生产标准化考评细则第 11 部分：通用设备与作业》（Q/QJA101A—2016）82.1　1）防护罩、栏、盖齐全有效，脚踏开关灵敏。
主要危害：造成人员机械伤害。

隐患示例	规范示例

氩弧焊机运行过程中操作人员 在触摸物料时，未佩戴防护手套	氩弧焊机运行过程中操作人员 在触摸物料时，佩戴防护手套

引用依据：《航天武器装备安全生产标准化考评细则第 1 部分：综合管理》（ Q/QJA 101.1A—2016）
14.1.5 个体防护用品使用符合要求。
主要危害： 造成人员割伤。

隐患示例	规范示例

气瓶未放在卡槽内易倾倒	气瓶放在卡槽内

引用依据：《航天武器装备安全生产标准化考评细则第 11 部分：通用设备与作业》（Q/QJA101A—
2016）24.3 3）工作现场的气瓶定置定量存放，同时应具有可靠的防倾倒措施。
主要危害： 气瓶易倾倒、磕碰、发生爆炸。

第 5 章   组（总）装调试

　　本章共 3 个部分，包含电子装联、仪表装配、集成电路等风险较大的场所，从零件装配调试工艺流程中可能导致重大人员伤亡的常见隐患点入手，对设备设施、操作过程、安全附件、附属设施、人员防护、应急物资等方面可能产生的常见隐患进行示例。

5.1 电子装联场所

隐患示例	规范示例
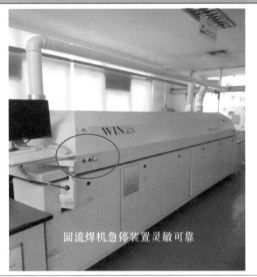 回流焊机未安装急停装置或损坏失效	回流焊机急停装置灵敏可靠

引用依据：《航天武器装备安全生产标准化考评细则第 6 部分：航天电子》（Q/QJA 101.6A—2016）
6.1.3 急停装置灵敏可靠。
主要危害：不能快速中断紧急情况，可能使得事故危害或人员伤害加大。

隐患示例	规范示例
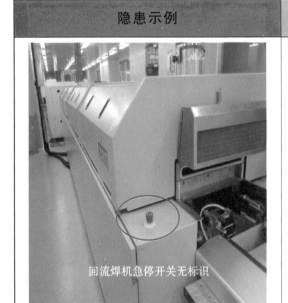 回流焊机急停开关无标识	 回流焊机急停开关标识清楚

引用依据：《航天武器装备安全生产标准化考评细则第 6 部分：航天电子》（Q/QJA 101.6A—2016）
6.1.5 安全警示标识清晰。
主要危害：不能快速中断紧急情况，可能使得事故危害或人员伤害加大。

隐患示例	规范示例
 回流焊机无"当心高温"警示标识	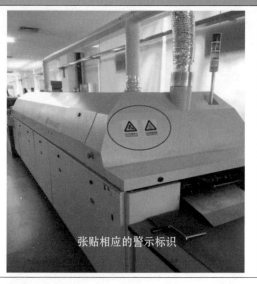 张贴相应的警示标识

引用依据：《航天武器装备安全生产标准化考评细则第 11 部分：通用设备与作业》（Q/QJA 101.11A—2016）85.9　各类安全警示标识齐全，外文标识说明应译为中文。
主要危害：操作人员误接触高温区域，可能造成人员受伤。

隐患示例	规范示例
 搪锡区域无防烫伤警示标识	 搪锡区设置"小心烫伤"警示标识　小心烫伤

引用依据：《航天武器装备安全生产标准化考评细则第 6 部分：航天电子》（Q/QJA 101.6A—2016）7.3　2）搪锡区域应有安全警示标识。
主要危害：高温未警示，人员误接触可能导致烫伤。

隐患示例	规范示例

引用依据：《生产设备安全卫生设计总则》（GB 5083—1999）6.3 过冷与过热　若生产设备的灼热或过冷部位可能造成危险，则必须配置防接触屏蔽。
主要危害：易导致人员误接触，发生烫伤。

隐患示例	规范示例
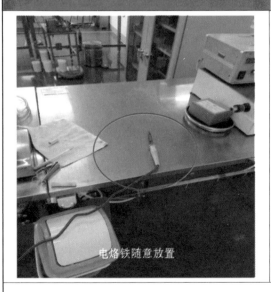	

引用依据：《航天武器装备安全生产标准化考评细则第 6 部分：航天电子》（Q/QJA 101.6A—2016）7.1.8　电烙铁使用期间应定置管理，放置在烙铁支架上。
主要危害：造成人员烫伤。

隐患示例	规范示例

引用依据:《航天武器装备安全生产标准化考评细则第 6 部分:航天电子》(Q/QJA 101.6A—2016)
7.1 6)酒精、助焊剂、漆料等化学品应定量定置存放。
主要危害:意外倾倒散落,遇火源可能造成火灾。

隐患示例	规范示例
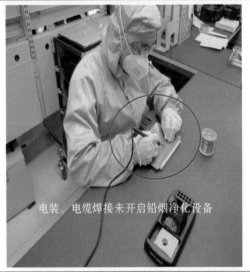	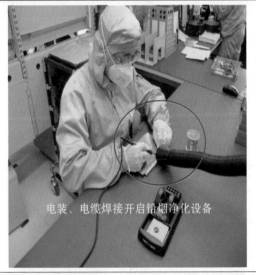

引用依据:《航天武器装备安全生产标准化考评细则第 6 部分:航天电子》(Q/QJA 101.6A—2016)
7.1.7 焊接工位焊接烟尘净化措施有效。《焊接工艺防尘防毒技术规程》(AQ 4214—2011)4.7 在焊接作业场所操作配备有除尘防毒装置的机器设备,在作业开始时,应先启动除尘防毒装置、后启动主机;作业结束时,应先关闭主机、后关闭除尘防毒装置。
主要危害:人员长期接触可能引发铅烟中毒。

隐患示例	规范示例
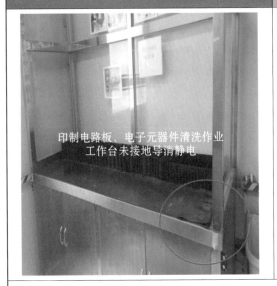印制电路板、电子元器件清洗作业 工作台未接地导消静电	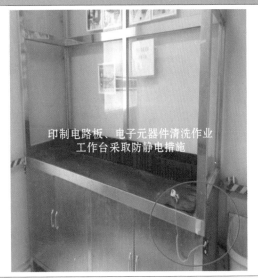印制电路板、电子元器件清洗作业 工作台采取防静电措施

引用依据：《航天武器装备安全生产标准化考评细则第 6 部分：航天电子》（ Q/QJA 101.6A—2016）43.1　4）工作台台面应采取防静电措施，并接地良好。

主要危害：静电积聚释放造成火灾爆炸。

隐患示例	规范示例
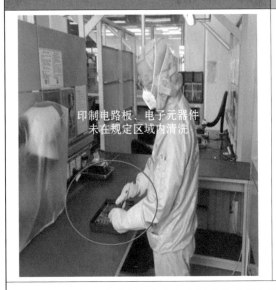印制电路板、电子元器件 未在规定区域内清洗	在通风橱内进行清洗，按要求穿防静 电服、防静电鞋等防护用品。

引用依据：《航天武器装备安全生产标准化考评细则第 6 部分：航天电子》（ Q/QJA 101.6A—2016）7.4.3　应设置专用通风橱或局部排风，并完好有效。

主要危害：导致职业病、火灾或爆炸。

隐患示例	规范示例
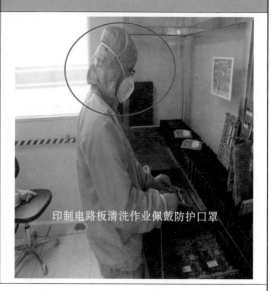 印制电路板清洗作业未佩戴防护口罩	印制电路板清洗作业佩戴防护口罩

引用依据:《航天武器装备安全生产标准化考评细则第 6 部分:航天电子》(Q/QJA 101.6A—2016)
7.4.1　印制电路板、元器件、产品和零件清洗 1)清洗过程中佩戴口罩。
主要危害: 导致职业病。

隐患示例	规范示例
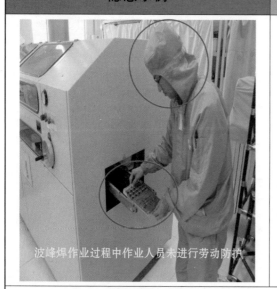 波峰焊作业过程中作业人员未进行劳动防护	 作业人员应正确穿戴防护手套、防护眼镜、口罩

引用依据:《航天武器装备安全生产标准化考评细则第 6 部分:航天电子》(Q/QJA 101.6A—2016)
7.5.1　作业人员应正确穿戴防酸(碱)手套、防护眼镜及防护口罩。
主要危害: 易导致职业危害、烫伤。

隐患示例	规范示例
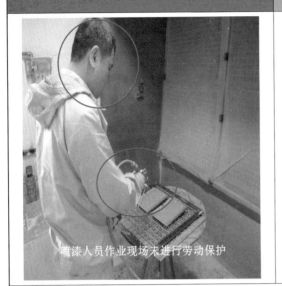 喷漆人员作业现场未进行劳动保护	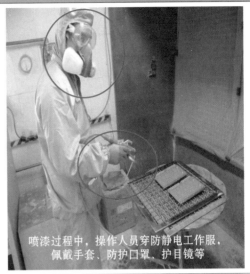 喷漆过程中，操作人员穿防静电工作服、佩戴手套、防护口罩、护目镜等

引用依据：《航天武器装备安全生产标准化考评细则第 11 部分：通用设备与作业》（ Q/QJA 101.11A—2016）43.3.2　作业人员应按要求穿防静电服、防静电鞋等个体防护用品。
主要危害：导致职业病、火灾或爆炸。

隐患示例	规范示例
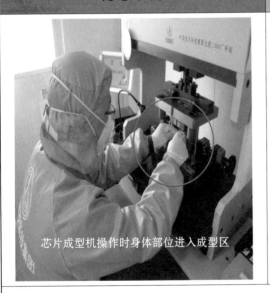 芯片成型机操作时身体部位进入成型区	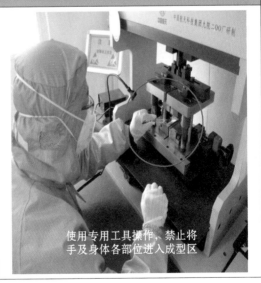 使用专用工具操作，禁止将手及身体各部位进入成型区

引用依据：《航天武器装备安全生产标准化考评细则第 6 部分：航天电子》（ Q/QJA 101.6A—2016）7.2.1　禁止将手伸入成型区。
主要危害：易导致人身伤害。

隐患示例	规范示例
 操作人员未佩戴防护口罩	 操作人员佩戴相应的防护口罩

引用依据：《航天武器装备安全生产标准化考评细则第 6 部分：航天电子》（ Q/QJA 101.6A—2016）
7.1.1　操作人员应正确穿戴防静电服、工作鞋、工作帽、口罩等个体防护用品。
主要危害：焊接操作人员长时间接触造成职业损伤。

隐患示例	规范示例
 易燃易爆化学品间采用普通开关	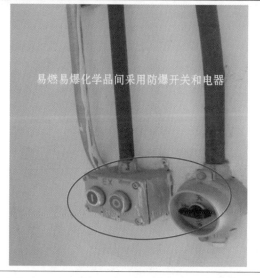 易燃易爆化学品间采用防爆开关和电器

引用依据：《危险化学品安全管理条例》（2013 年）（中华人民共和国国务院令第 645 号）第二十条
生产、储存危险化学品的单位，应当根据其生产、储存的危险化学品的种类和危险特性，在作业场所
设置相应的监测、监控、通风、防晒、调温、防火、灭火、防爆、泄压、防毒、中和、防潮、防雷、
防静电、防腐、防泄漏以及防护围堤或者隔离操作等安全设施、设备。
主要危害：未使用防爆开关，易导致火灾爆炸。

隐患示例	规范示例
 化学品柜无限量标识	 化学品柜设定限量标识

引用依据：《航天武器装备安全生产标准化考评细则第 11 部分：通用设备与作业》（Q/QJA 101.11A—2016）39.2.1　存放的危险化学品品种、数量应有限量标识，并与实物保持一致。
主要危害：超量存储易引发泄漏或火灾。

隐患示例	规范示例
 化学品储存现场未放置MSDS	 化学品储存现场放置MSDS

引用依据：《航天武器装备安全生产标准化考评细则第 11 部分：通用设备与作业》（Q/QJA 101.11A—2016）38.5.3　危险化学品配备化学品安全技术说明书（MSDS）和安全标签。
主要危害：操作、应急处置不当，易导致化学灼伤、中毒或火灾。

隐患示例	规范示例
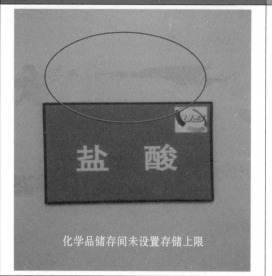 化学品储存间未设置存储上限	 化学品储存间设置存储上限

引用依据：《航天武器装备安全生产标准化考评细则第 11 部分：通用设备与作业》（Q/QJA 101.11A—2016）39.2.1　存放的危险化学品品种、数量应有限量标识，并与实物保持一致。
主要危害：化学品超量存储易导致泄漏，造成腐蚀伤害。

隐患示例	规范示例
 气瓶没有防倾倒措施	 气瓶有防倾倒措施，防震圈、瓶帽齐全

引用依据：《航天武器装备安全生产标准化考评细则第 11 部分：通用设备与作业》（Q/QJA 101.11A—2016）24.2.4　空、实瓶应分开存放，在用气瓶和备用气瓶应分开存放，有明显标识，并设置有效的防倾倒措施。
主要危害：气瓶倾倒、磕碰、发生爆炸。

隐患示例	规范示例
 未设置管道标识	 设置管道标识

引用依据： 《航天武器装备安全生产标准化考评细则第 11 部分：通用设备与作业》 （Q/QJA 101.11A—2016）26　架空敷设或外露的管道介质、流向和安全标识清晰，符合 GB 7231 的要求。
主要危害： 标识不清，易导致误操作，引发事故。

隐患示例	规范示例
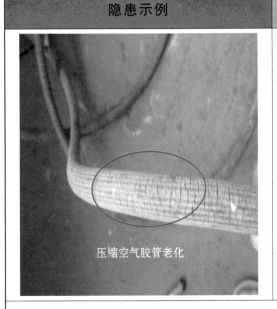 压缩空气胶管老化	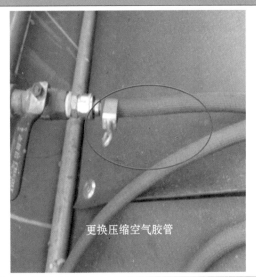 更换压缩空气胶管

引用依据： 《航天武器装备安全生产标准化考评细则第 6 部分：航天电子》（Q/QJA 101.6A—2016）7.7　2）压缩空气胶管无破损，连接可靠，气压正常。
主要危害： 胶管爆裂可能造成压缩空气冲击伤害。

隐患示例	规范示例
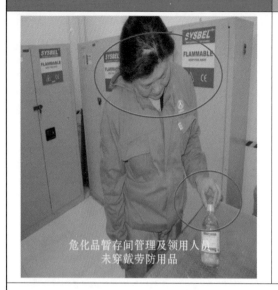	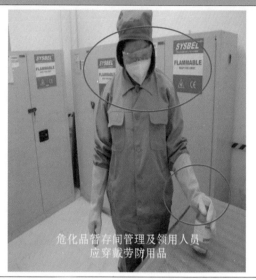
危化品暂存间管理及领用人员 未穿戴劳防用品	危化品暂存间管理及领用人员 应穿戴劳防用品

引用依据：《常用化学危险品贮存通则》（GB 15603—1995）4.4　贮存化学危险品的仓库必须配备有专业知识的技术人员，其库房及场所应设专人管理，管理人员必须配备可靠的个人安全防护用品。
主要危害： 易导致火灾、化学灼伤或职业伤害。

5.2　仪表装配场所

隐患示例	规范示例
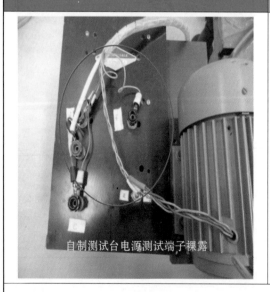	
自制测试台电源测试端子裸露	自制测试台电源测试端子增加安全防护盖

引用依据：《航天武器装备安全生产标准化考评细则第 11 部分：通用设备与作业》　（Q/QJA 101.11A—2016）85　4）设备外壳、护栏、安全防护装置完好。
主要危害： 易导致人员触电。

隐患示例	规范示例
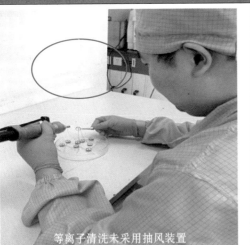 等离子清洗未采用抽风装置	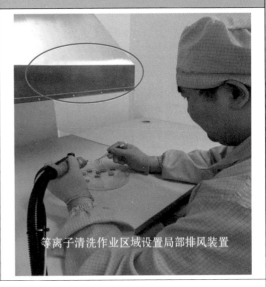 等离子清洗作业区域设置局部排风装置

引用依据：《航天武器装备安全生产标准化考评细则第 6 部分：航天电子》（Q/QJA 101.6A－2016）
5.6.1　等离子清洗机排风装置应完好、可靠，并保证负压状态。
主要危害：等离子清洗产生臭氧，造成人身伤害。

隐患示例	规范示例
 刷涂三防漆未安装抽风装置	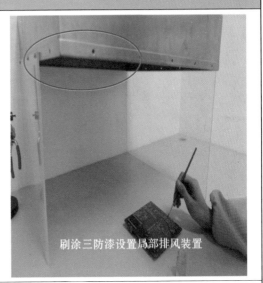 刷涂三防漆设置局部排风装置

引用依据：《航天武器装备安全生产标准化考评细则第 6 部分：航天电子》（Q/QJA 101.6 A－2016）
7.4.3　应设置专用通风橱或局部排风，并完好有效。
主要危害：三防漆挥发有害气体被人体吸入，引发职业病；浓度积聚，易引发火灾、爆炸。

隐患示例	规范示例
 盛装化学品容器未加盖	 盛装化学品容器加盖

引用依据：《航天武器装备安全生产标准化考评细则第 1 部分：综合管理》（Q/QJA 101.1A－2016）14.1　5) 设备、设施、工装、工具、量具、车辆、个体防护用品等使用、维护、保养与定置管理应符合要求，不得带病运行。

主要危害：化学品挥发造成闪燃及职业危害。

隐患示例	规范示例
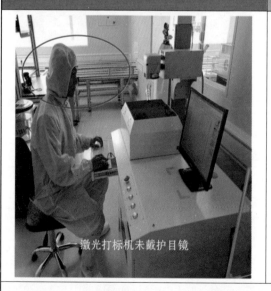 激光打标机未戴护目镜	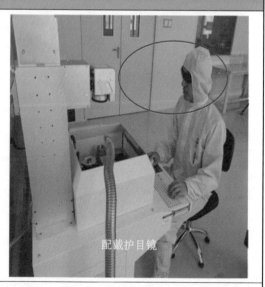 配戴护目镜

引用依据：《航天武器装备安全生产标准化考评细则第 11 部分：通用设备与作业》（Q/QJA 101.11A—2016）74.1.1　作业人员佩戴防护眼镜，激光发射方向严禁人员站立。

主要危害：激光对人眼造成伤害。

隐患示例	规范示例
 氮气烘箱取工件时未戴隔热手套	氮气烘箱取工件时戴隔热手套

引用依据：《航天武器装备安全生产标准化考评细则第6部分：航天电子》（Q/QJA 101.6A—2016）
5.11.1 作业人员应配备隔热手套。
主要危害：未配备隔热手套，取件时易造成烫伤。

隐患示例	规范示例
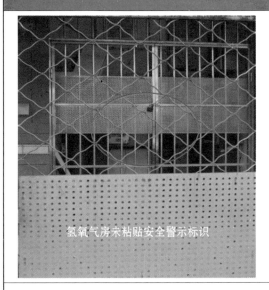 氢氧气房未粘贴安全警示标识	 氢氧气房粘贴安全警示标识

引用依据：《航天武器装备安全生产标准化考评细则第6部分：航天电子》（Q/QJA 101.6A—2016）
1.8.1 安全标志齐全清晰。
主要危害：误操作易发生爆炸。

隐患示例	规范示例

引用依据：《航天武器装备安全生产标准化考评细则第 6 部分：航天电子》（Q/QJA 101.6A－2016）
1.9　报警及联锁装置可靠有效。
主要危害：发生氢气泄漏不能及时发现，易导致爆炸。

隐患示例	规范示例
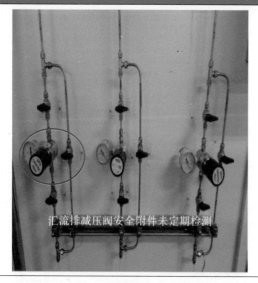	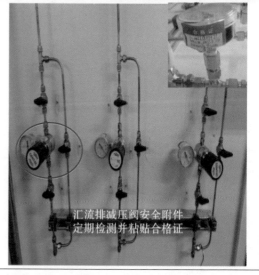

引用依据：《航天武器装备安全生产标准化考评细则第 6 部分：航天电子》（Q/QJA 101.6A－2016）
1.13　氢氧气管道安全附件应定期检定合格，并在有效期内。
主要危害：安全附件未检，状态失控，一旦泄漏引发爆炸。

5.3　集成电路生产场所

隐患示例	规范示例
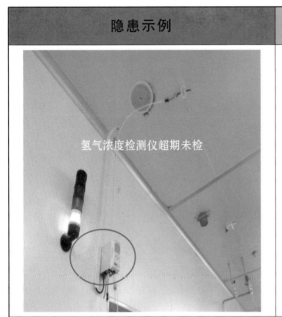氢气浓度检测仪超期未检	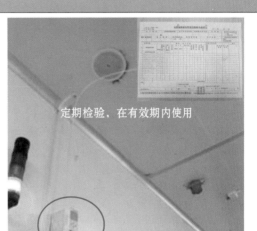定期检验，在有效期内使用

引用依据：《航天武器装备安全生产标准化考评细则第 11 部分：通用设备与作业》（Q/QJA 101.11A—2016）28.1　可燃气体浓度监测装置检定合格，完好可靠。
主要危害：安全附件未检，状态失控，一旦泄漏引发爆炸。

隐患示例	规范示例
特气间报警器损坏	特气间报警器应完好有效

引用依据：《特种气体系统工程技术规范》（GB 50646—2011）9.4.2　特种气体探测系统确认气体泄漏时，应自动启动泄漏现场的声光报警装置，该声光报警应有别于火灾报警装置，并应自动启动应急广播系统。
主要危害：有害气体泄漏导致人身中毒。

隐患示例	规范示例
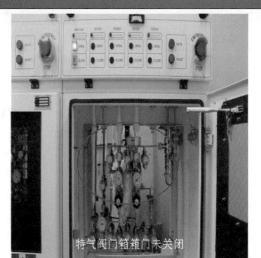 特气阀门箱箱门未关闭	 特气阀门箱箱门应紧闭

引用依据：《航天武器装备安全生产标准化考评细则第 11 部分：通用设备与作业》（Q/QJA101A—2016）82.1　1）防护罩、栏、盖齐全有效，脚踏开关灵敏。
主要危害：气体泄漏造成火灾、中毒、爆炸、窒息等事故。

隐患示例	规范示例
 气瓶间的紧急按钮破损	 气瓶间的紧急按钮应完整有效

引用依据：《特种气体系统工程技术规范》（GB 50646—2011）9.3.4　入口处应设紧急手动按钮，应急处理中心室应设置手动按钮。
主要危害：按钮失灵，应急设备失效，不能及时处置，引发火灾、爆炸。

隐患示例	规范示例
 未张贴MSDS	 MSDS齐全

引用依据：《航天武器装备安全生产标准化考评细则第 6 部分：航天电子》2.1.8　现场应有特气安全技术说明书。

主要危害：不了解气体特性，发生危险时不能正确处置，引发火灾、爆炸、中毒。

隐患示例	规范示例
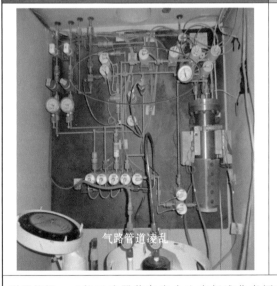 气路管道凌乱	 气路管路规范铺设

引用依据：《航天武器装备安全生产标准化考评细则第 11 部分：通用设备与作业》（Q/QJA 101.11A—2016）85.10　设备水、气等各类管路连接紧密，无跑冒滴漏，管道介质、流向标识齐全。

主要危害：气体泄漏，引发事故。

隐患示例	规范示例
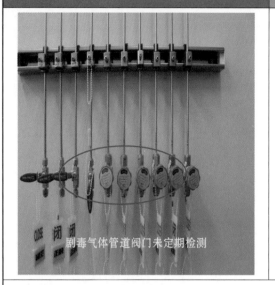 剧毒气体管道阀门未定期检测	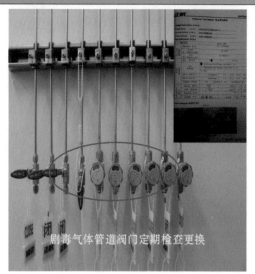 剧毒气体管道阀门定期检查更换

引用依据：《航天武器装备安全生产标准化考评细则第 6 部分：航天电子》（Q/QJA 101.6A—2016）
2.5.1　具有剧毒特性的特气管道应使用双套管，并定期检查、更换。
主要危害：阀门状态失控，一旦泄漏引发中毒。

隐患示例	规范示例
 特气间气体泄漏报警灯损坏	 特气间气体泄漏报警灯装置有效

引用依据：《特种气体系统工程技术规范》（GB 50646—2011）9.4.2　特种气体探测系统确认气体泄
漏时，应自动启动泄漏现场的声光报警装置，该声光报警应有别于火灾报警装置，并应自动启动应急
广播系统。
主要危害：有害气体一旦泄漏，导致中毒、窒息、火灾、爆炸等事故。

隐患示例	规范示例
 EMO按钮损坏	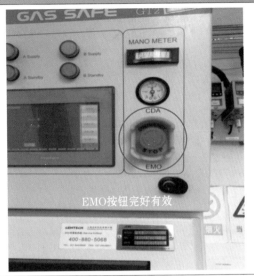 EMO按钮完好有效

引用依据：《航天武器装备安全生产标准化考评细则第 6 部分：航天电子》（Q/QJA 101.6A—2016）
2.7.1　气瓶架及气瓶柜紧急停止按钮 EMO 可靠有效。
主要危害：按钮失灵，应急设备失效，不能及时处置，引发火灾、爆炸。

隐患示例	规范示例
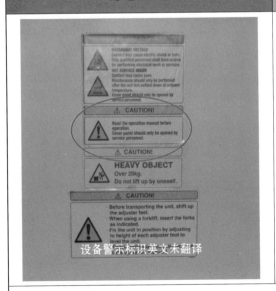 设备警示标识英文未翻译	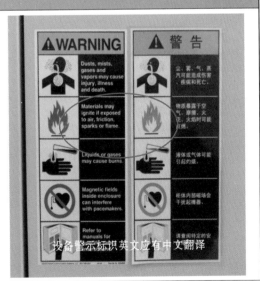 设备警示标识英文应有中文翻译

引用依据：《航天武器装备安全生产标准化考评细则第 11 部分：通用设备与作业》（Q/QJA
101.11A—2016）85.9　各类安全警示标识齐全，外文标识说明应译为中文。
主要危害：不了解安全要求，误操作造成人身伤害。

隐患示例	规范示例

排风装置未正常启动	排风装置应正常启动

引用依据：《特种气体系统工程技术规范》（GB 50646—2011）11.1.2　特种气体气瓶柜和阀门箱应设排风系统。

主要危害：有害气体泄漏，在有限空间集聚，导致中毒、窒息、火灾、爆炸等事故。

隐患示例	规范示例

氢气、氧气等可燃气体气瓶和助燃气体气瓶同库存放	氢气、氧气等可燃气体气瓶和助燃气体气瓶分库存放

引用依据：《航天武器装备安全生产标准化考评细则第11部分：通用设备与作业》（Q/QJA 101.11A—2016）24.2.1　可燃气体气瓶和助燃气体气瓶，有毒气体气瓶和无毒气体气瓶不允许同库存放。

主要危害：气瓶混放形成爆炸混合气，易引起剧烈燃烧或爆炸。

隐患示例	规范示例
 气瓶未设置防倾倒装置	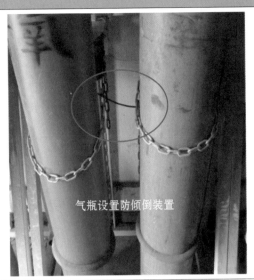 气瓶设置防倾倒装置

引用依据：《航天武器装备安全生产标准化考评细则第 11 部分．通用设备与作业》（Q/QIA 101.11A—2016）28.7　气瓶防倾倒装置可靠有效。

主要危害：气瓶易倾倒、磕碰、发生爆炸。

隐患示例	规范示例
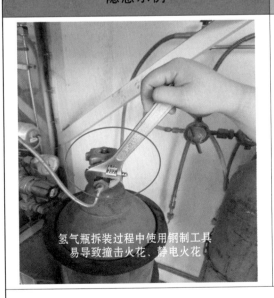 氢气瓶拆装过程中使用钢制工具 易导致撞击火花、静电火花	 氢气瓶拆装时应使用铜制工具

引用依据：《氢气使用安全技术规程》（GB 4962—2008）4.2.3　作业时使用不产生火花的工具。

主要危害：撞击火花、静电火花引发爆炸。

隐患示例	规范示例
 键合机使用过程中打开防护罩	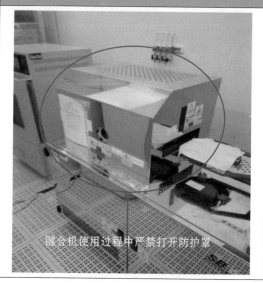 键合机使用过程中严禁打开防护罩

引用依据：《航天武器装备安全生产标准化考评细则第 6 部分：航天电子》（Q/QJA 101.6A—2016）
5.12.1　加热台加热过程中，严禁开启防护罩。
主要危害：使用过程中开启防护罩易触碰线路导致触电。

隐患示例	规范示例
 离子注入机设备运行中没有盖铅板	 离子注入机设备运行时铅板防护装置齐全、可靠

引用依据：《航天武器装备安全生产标准化考评细则第 6 部分：航天电子》（Q/QJA 101.6A—2016）
5.6.2　离子注入机设备铅板防护装置齐全、可靠。
主要危害：产生辐射危害。

隐患示例	规范示例
 供电线路缠绕于金属排风管道上	 供电线路敷设于专用桥架

引用依据：《航天武器装备安全生产标准化考评细则第 6 部分：航天电子》（Q/QJA 101.6A—2016）
5.1.12　电源线路绝缘完好，线路布置整齐，通过人行通道的线路应有保护盖板。
主要危害：易导致人员触电。

隐患示例	规范示例
 现场电线凌乱	 现场电线应整齐

引用依据：《航天武器装备安全生产标准化考评细则第 6 部分：航天电子》（Q/QJA 101.6A—2016）
5.1.12　电源线路绝缘完好，线路布置整齐，通过人行通道的线路应有保护盖板。
主要危害：易引起人员触电事故。

隐患示例	规范示例
 外壳未接地	 外壳应接地

引用依据：《航天武器装备安全生产标准化考评细则第6部分：航天电子》（Q/QJA 101.6A—2016）5.1 （2）设备应有可靠保护接地，电阻值不大于4 Ω。
主要危害：外壳带电易导致人员触电。

隐患示例	规范示例
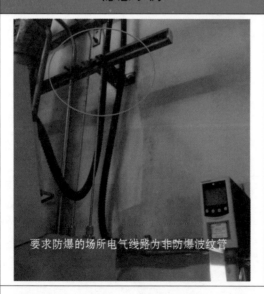 要求防爆的场所电气线路为非防爆波纹管	 电气线路为防爆复合材料

引用依据：《危险场所电气安全防爆规范》（AQ 3009—2007）6.1.1.3.1 允许使用的导管 b）挠性金属导管或复合材料结构，如金属导管具有塑料或橡胶套（有国家检验机关颁发防爆合格证书的）。
主要危害：易导致火灾、爆炸。

隐患示例	规范示例
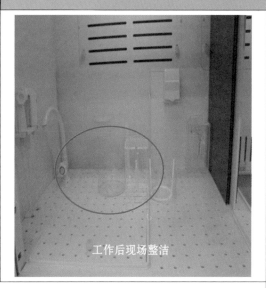 工作后易燃化学品随意乱放	工作后现场整洁

引用依据：《航天武器装备安全生产标准化考评细则第 6 部分：航天电子》（Q/QJA 101.6A—2016）
5.1.4　现场化学品应分类定量放置，专人专管、使用登记记录齐全。
主要危害：易导致火灾。

隐患示例	规范示例
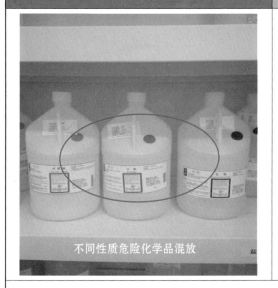 不同性质危险化学品混放	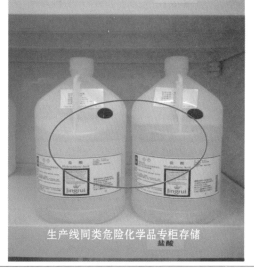 生产线同类危险化学品专柜存储

引用依据：《航天武器装备安全生产标准化考评细则第 6 部分：航天电子》（Q/QJA 101.6A—2016）
5.1.4　现场化学品应分类定量放置，专人专管、使用登记记录齐全。
主要危害：不同性质危险化学品混放，可能发生火灾、爆炸、中毒事故。

隐患示例	规范示例
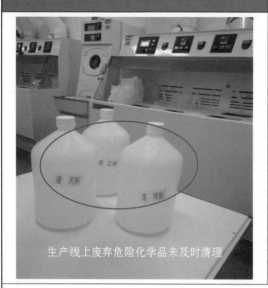 生产线上废弃危险化学品未及时清理	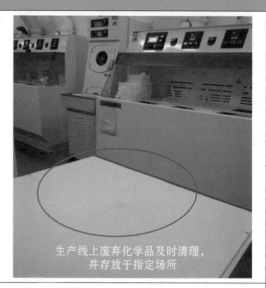 生产线上废弃化学品及时清理，并存放于指定场所

引用依据：《航天武器装备安全生产标准化考评细则第6部分：航天电子》（Q/QJA 101.6A—2016）5.1　5）废弃化学品按要求及时回收处置，并由专人负责。

主要危害：可能发生火灾、爆炸、中毒等事故。

隐患示例	规范示例
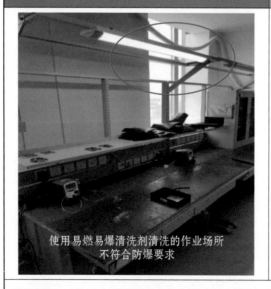 使用易燃易爆清洗剂清洗的作业场所不符合防爆要求	 使用易燃易爆清洗剂的场所可配置专门的清洗防爆通风厨

引用依据：《航天武器装备安全生产标准化考评细则第11部分：通用设备与作业》（Q/QJA 101.11A—2016）43.3.1　电气设备应采用防爆型，禁止在室内拉接临时电源线路。

主要危害：引起火灾、爆炸。

隐患示例	规范示例
 清洗工作台未设置防静电桌面与人体静电导消装置防爆电器	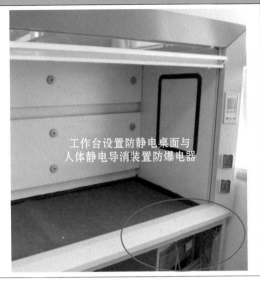 工作台设置防静电桌面与人体静电导消装置防爆电器

引用依据：《航天武器装备安全生产标准化考评细则第 11 部分：通用设备与作业》（Q/QJA 101.11A—2016）43.1　4）工作台台面应采取防静电措施，并接地良好。

主要危害：未设置防静电桌面与人体静电导消装置防爆电器，易引起剧烈燃烧或爆炸。

隐患示例	规范示例
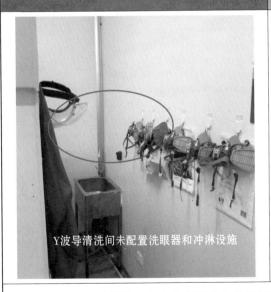 Y波导清洗间未配置洗眼器和冲淋设施	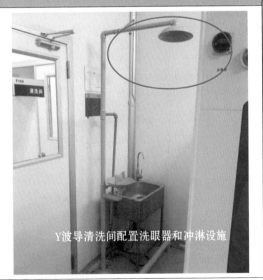 Y波导清洗间配置洗眼器和冲淋设施

引用依据：《航天武器装备安全生产标准化考评细则第 6 部分：航天电子》（Q/QJA 101.6A—2016）5.1　3）洗眼器和冲淋设施完好有效。

主要危害：意外接触氨水等得不到及时处置，易造成人身伤害。

隐患示例	规范示例
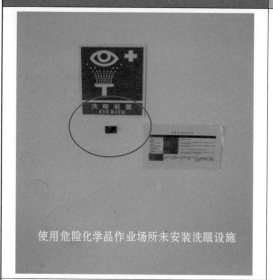	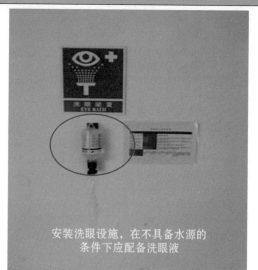
使用危险化学品作业场所未安装洗眼设施	安装洗眼设施，在不具备水源的条件下应配备洗眼液

引用依据：《航天武器装备安全生产标准化考评细则第 6 部分：航天电子》（Q/QJA 101.6A—2016）
5.1　3）洗眼器和冲淋设施完好有效。
主要危害：意外接触危化品得不到及时处置，易造成人身伤害。

隐患示例	规范示例

清洗作业（腐蚀性清洗剂）佩戴普通口罩	清洗作业（腐蚀性清洗剂）佩戴防酸碱口罩

引用依据：《航天武器装备安全生产标准化考评细则第 6 部分：航天电子》（Q/QJA 101.6A—2016）
3.7.3　在添加酸性（碱性）化学药品的作业人员应按照 GB/T 11651 穿戴防酸（碱）防护服、橡胶手套、口罩、护目镜等个体防护用品。
主要危害：导致人员化学灼伤、中毒。

隐患示例	规范示例
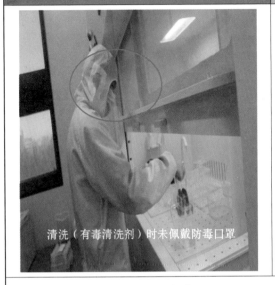清洗（有毒清洗剂）时未佩戴防毒口罩	清洗（有毒清洗剂）时应正确佩戴防毒口罩

引用依据：《职业个体防护选用规范》（GB/T 11651）6.1　表 3 个体防护装备的选用 A19 吸入性气相毒物应佩戴防毒面具、防化学手套、化学品防护服。
主要危害：导致中毒。

隐患示例	规范示例
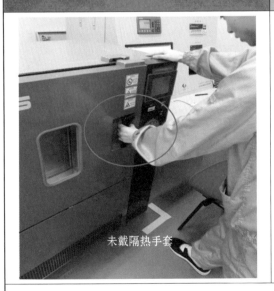未戴隔热手套	正确佩戴防护用品

引用依据：《航天武器装备安全生产标准化考评细则第 6 部分：航天电子》（Q/QJA 101.6A—2016）5.11.1　作业人员应配备隔热手套。
主要危害：易导致烫伤。

隐患示例	规范示例
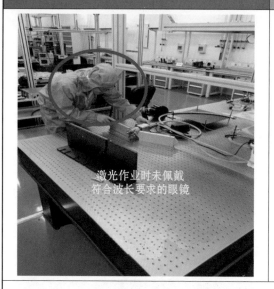	
激光作业时未佩戴符合波长要求的眼镜	激光作业时佩戴符合波长要求的防护眼镜

引用依据:《航天武器装备安全生产标准化考评细则第 11 部分:通用设备与作业》(Q/QJA 101. 11A—2016) 74. 1. 1 作业人员佩戴防护眼镜,激光发射方向严禁人员站立。
主要危害:损伤眼部。

隐患示例	规范示例
	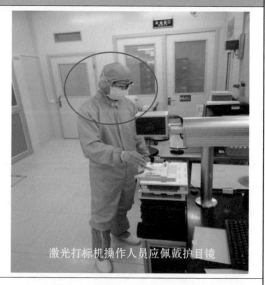
激光打标机操作人员未佩戴护目镜	激光打标机操作人员应佩戴护目镜

引用依据:《个体防护装备选用规范》(GB/T 11651—2008) 激光作业佩戴防激光护目镜。
主要危害:损伤眼部。

隐患示例	规范示例
 离子注入机操作人员未佩戴 个人辐射剂量检测仪	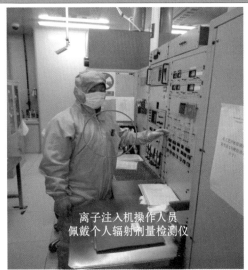 离子注入机操作人员 佩戴个人辐射剂量检测仪

引用依据：《电离辐射防护与辐射源安全基本标准》（GB 18871—2002）受照剂量大于 1mSv/a 时，对所有受到辐射的人员均应进行个人监测。

主要危害：人体摄入剂量未统计，状态失控，造成辐射伤害。

第 6 章　测试与试验（含外场）

　　本章共 2 个部分，包含单位内部试验活动（测试、检测与环境试验）、外场试验等风险较大的场所，从产品试验工艺要求及实现该工艺要求测试环境中可能导致重大人员伤亡的常见隐患点入手，对设备设施、操作过程、安全附件、人员防护、应急物资几方面可能产生的常见隐患进行示例。

6.1　测试、检测与环境试验场所

隐患示例	规范示例
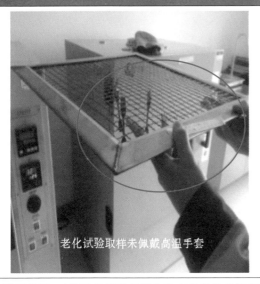	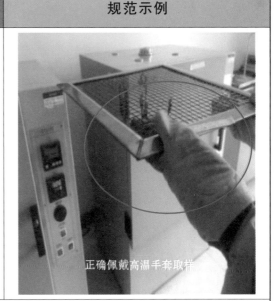
老化试验取样未佩戴高温手套	正确佩戴高温手套取样

引用依据：《航天武器装备安全生产标准化考评细则第 6 部分：航天电子》（ Q/QJA 101.6A—2016）
5.11.1　作业人员应配备隔热手套。
主要危害：取样时未佩戴防高温手套，造成烫伤。

隐患示例	规范示例

刨片机未安装防护挡板	刨片机安装防护挡板并粘贴安全警示标识

引用依据：《航天武器装备安全生产标准化考评细则第 11 部分：通用设备与作业》（ Q/QJA 101.11A—
2016）82.1　1）防护罩、栏、盖齐全有效，脚踏开关灵敏。
主要危害：未安装防护挡板，造成人员机械伤害。

隐患示例	规范示例
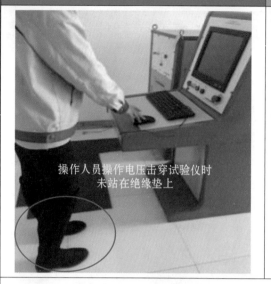 操作人员操作电压击穿试验仪时未站在绝缘垫上	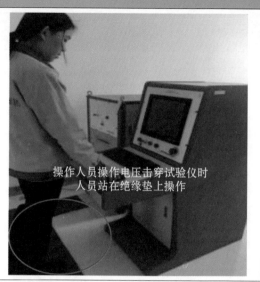 操作人员操作电压击穿试验仪时人员站在绝缘垫上操作

引用依据:《绝缘电阻测试安全操作规程汇编》2.1 操作绝缘电阻测试设备时操作人员必须站立在绝缘垫上方操作,避免触电事故发生。

主要危害:未站在绝缘垫上方操作,造成触电伤害。

隐患示例	规范示例
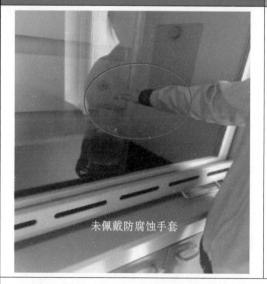 未佩戴防腐蚀手套	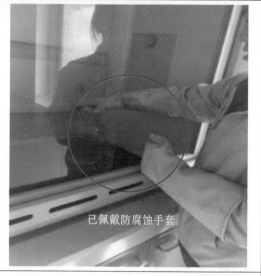 已佩戴防腐蚀手套

引用依据:《金属分析安全操作规程汇编》2.2 使用工业硫酸进行金属分析时,操作人员必须佩戴防腐蚀防护手套,防止灼伤。

主要危害:未佩戴防腐蚀手套触摸硫酸,造成灼伤。

隐患示例	规范示例
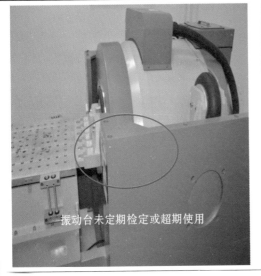	
振动台未定期检定或超期使用	振动台定期检定合格，在有效期内使用

引用依据：《航天武器装备安全生产标准化考评细则第 6 部分：航大电子》（ Q/QJA 101.6A -2016）
8.4　设备定期检定合格，在有效期内使用。
主要危害：设备出现故障，伤人或损坏产品。

隐患示例	规范示例
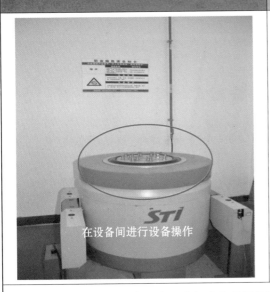	
在设备间进行设备操作	控制间与设备间有效隔离

引用依据：《航天武器装备安全生产标准化考评细则第 6 部分：航天电子》（ Q/QJA 101.6A—2016）
8.4　产品试验时采取防护措施，必要时，控制间与操作间应采取有效隔离。
主要危害：产品飞出伤人，操作人员受到噪声危害。

隐患示例	规范示例
 振动台振动方向直对窗户	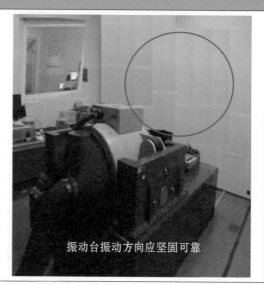 振动台振动方向应坚固可靠

引用依据：《航天武器装备安全生产标准化考评细则第 1 部分：综合管理》（ Q/QJA 101.1A—2016）
11　2）应确定新工艺、新技术、新材料、新设备、新环境管理要求；在试运行、投入使用前，按要求进行安全评审，完善试验方案、工艺文件、安全操作规程和现场应急处置预案与措施，落实安全措施，相关运行操作记录完整。
主要危害：试验过程中工件飞出，导致人员伤害。

隐患示例	规范示例
 冲击台运动部位无隔离防护装置	 冲击台运动部位安装完好隔离防护装置

引用依据：《航天武器装备安全生产标准化考评细则第 6 部分：航天电子》（ Q/QJA 101.6A—2016）
8.4　冲击试验设备运动部位防护罩完好。
主要危害：试验过程中产品飞出伤人。

隐患示例	规范示例
 振动、冲击试验时产品装夹不牢	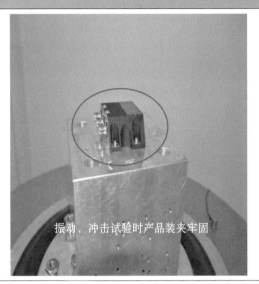 振动、冲击试验时产品装夹牢固

引用依据：《航天武器装备安全生产标准化考评细则第 6 部分：航天电子》（Q/QJA 101.6A—2016）8.4　试验时产品应装夹牢固。

主要危害：试验过程中产品飞出伤人。

隐患示例	规范示例
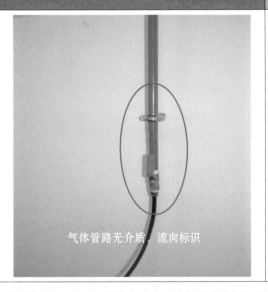 气体管路无介质、流向标识	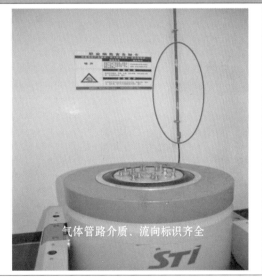 气体管路介质、流向标识齐全

引用依据：《航天武器装备安全生产标准化考评细则第 11 部分：通用设备与作业》（Q/QJA 101.11A—2016）26　架空敷设或外露的管道介质、流向和安全标识清晰，符合 GB 7231 的要求。

主要危害：流向标识不清楚可能导致误操作，造成设备损坏或人员伤害。

隐患示例	规范示例
 设备接地线脱落	 设备接地可靠

引用依据：《航天武器装备安全生产标准化考评细则第 11 部分：通用设备与作业》（ Q/QJA 101.11A—2016）85　设备接地可靠，定期检测，留存记录。
主要危害：漏电导致人员触电。

隐患示例	规范示例
 探伤作业场所未定期检测	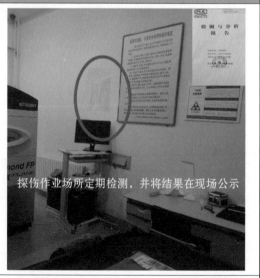 探伤作业场所定期检测，并将结果在现场公示

引用依据：《用人单位职业病危害因素定期检测管理规范》（安监总厅安健〔2015〕16 号）第四条　用人单位应当建立职业病危害因素定期检测制度，每年至少委托具备有资质的职业卫生技术服务机构定期对存在职业病危害因素的工作场所进行一次全面检测。
主要危害：可能造成辐射伤害。

隐患示例	规范示例
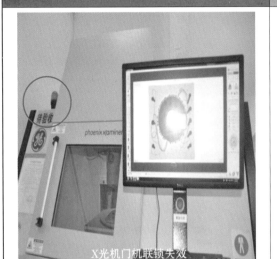 X光机门机联锁失效	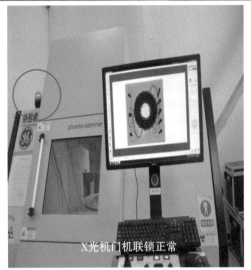 X光机门机联锁正常

引用依据：《航天武器装备安全生产标准化考评细则第 11 部分：通用设备与作业》（ Q/QJA 101.11A—2016）10.1.4　照射室的闭锁或门机连锁装置应可靠。

主要危害：对人员造成辐射伤害。

隐患示例	规范示例
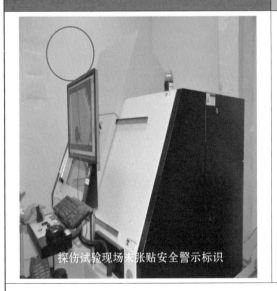 探伤试验现场未张贴安全警示标识	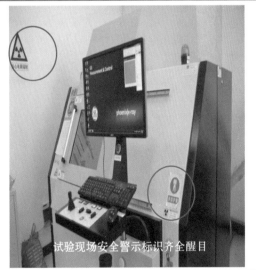 试验现场安全警示标识齐全醒目

引用依据：《航天武器装备安全生产标准化考评细则第 11 部分：通用设备与作业》（ Q/QJA 101.11A—2016）10.1　各种报警、信号、通讯及警示标志应完好、灵敏、准确。

主要危害：人员误入或未防护，受到职业危害。

隐患示例	规范示例
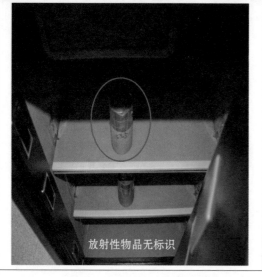 放射性物品无标识	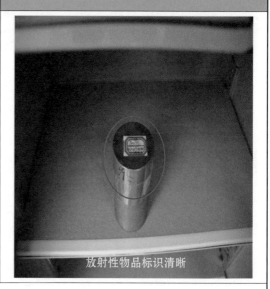 放射性物品标识清晰

引用依据：《剧毒化学品、放射源存放场所治安防范要求》（GA 1002—2012）5.1　发现剧毒化学品、放射源的包装、标签、标识不符合安全要求的，应及时整改。

主要危害：未按放射源管理使人员受到辐射伤害。

隐患示例	规范示例
 热真空循环箱制冷机网罩积满灰尘未清洗	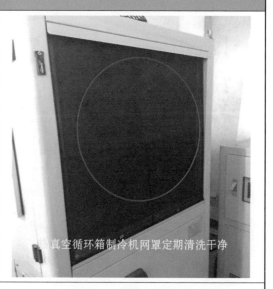 热真空循环箱制冷机网罩定期清洗干净

引用依据：《航天武器装备安全生产标准化考评细则第 11 部分：通用设备与作业》（Q/QJA 101.11A—2016）85.11　设备按规定定期维护保养，记录齐全。

主要危害：影响设备散热，过热引起火灾。

隐患示例	规范示例
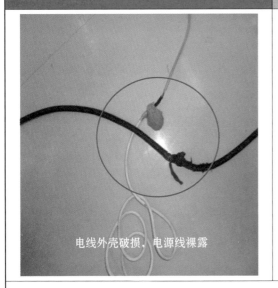 电线外壳破损、电源线裸露	 试验线路绝缘完好

引用依据：《航天武器装备安全生产标准化考评细则第11部分：通用设备与作业》（Q/QJA 101.11A—2016）85.5　设备供电线路绝缘完好，防护措施完善。

主要危害：导致人员触电或火灾。

隐患示例	规范示例
 试验现场无便携式辐射剂量监测仪	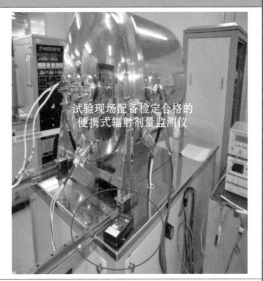 试验现场配备检定合格的便携式辐射剂量监测仪

引用依据：《放射性同位素与射线装置安全和防护管理办法》第五条　生产、销售、使用、贮存放射性同位素与射线装置的场所，应当按照国家有关规定设置安全和防护设施以及必要的防护安全联锁、报警装置或者工作信号。

主要危害：人体摄入剂量未统计，状态失控，造成辐射伤害。

隐患示例	规范示例
	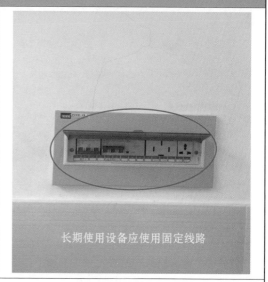
长期使用环境试验设备采用临时用电拉线	长期使用设备应使用固定线路

引用依据：《航天武器装备安全生产标准化考评细则第 11 部分：通用设备与作业》（ Q/QJA 101.11A—2016）32.1.1　预期超过三个月的临时低气压电气线路，应按固定线路方式进行设置。
主要危害：漏电导致人员触电。

隐患示例	规范示例

电抗器相线裸露未封闭，随意在地面放置	电抗器相线封闭

引用依据：《航天武器装备安全生产标准化考评细则第 11 部分：通用设备与作业》（ Q/QJA 101.11A—2016）32.2.2　危险区域或建筑工程、设备安装调试现场禁有电气裸露。
主要危害：漏电导致人员触电。

隐患示例	规范示例

引用依据：《航天武器装备安全生产标准化考评细则第 11 部分：通用设备与作业》 （ Q/QJA 101.11A—2016）44.2　操作人员应佩戴耳罩、高低温防护手套、安全带等个体防护用品。

主要危害：导致烫伤。

隐患示例	规范示例
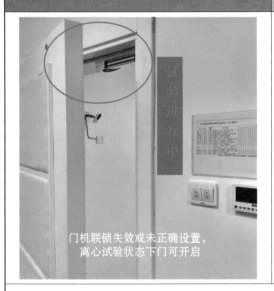	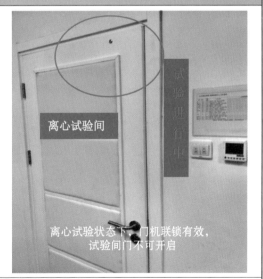

引用依据：《航天武器装备安全生产标准化考评细则第 6 部分：航天电子》（ Q/QJA 101.6A—2016）8.4.4　离心机室门机连锁装置可靠有效。

主要危害：工作状态下，人员未撤离或误进入造成人身伤害。

隐患示例	规范示例
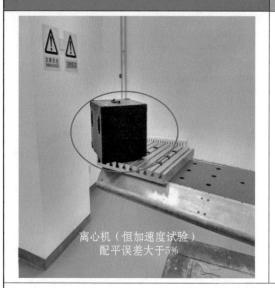 离心机（恒加速度试验）配平误差大于5%	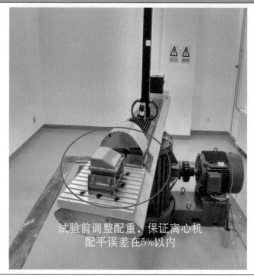 试验前调整配重，保证离心机配平误差在5%以内

引用依据：《航天武器装备安全生产标准化考评细则第 11 部分：通用设备与作业》（ Q/QJA 101.11A—2016）47.4.2　试验前调整配重，保证离心机配平误差在 5% 以内。
主要危害：工件飞出导致人身伤害。

隐患示例	规范示例
 吊运时，行人从下方通过	 吊运时，吊臂下不得有人

引用依据：《起重机械安全规程》（GB 6067.1—2010），17.2.4　b）任何人不得在悬停载荷的下方停留或通过。
主要危害：吊物脱落易导致人员砸伤。

隐患示例	规范示例
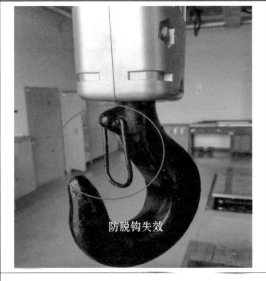	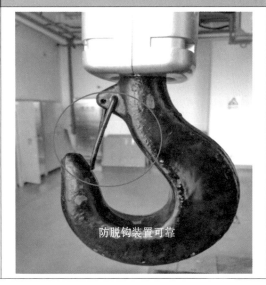
防脱钩失效	防脱钩装置可靠

引用依据：《起重机械安全规程》（GB 6067.1—2010），4.2.2.3　当使用条件或操作方法会导致重物意外脱钩时，应采用防拖绳带闭锁装置的吊钩。

主要危害：吊物脱落易导致人员砸伤。

隐患示例	规范示例
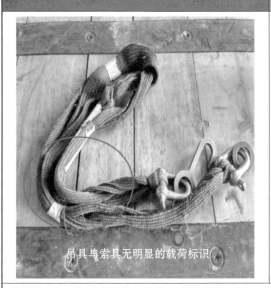	
吊具与索具无明显的载荷标识	吊具与索具有载荷标识

引用依据：《航天武器装备安全生产标准化考评细则第 11 部分：通用设备与作业》（Q/QJA 101.11A—2016）3.6.3　使用单位应对吊具与索具进行保养，定期检查，吊具与索具应定置摆放，且有明显的载荷标识。

主要危害：吊索具失效或误用，造成起重伤害。

隐患示例	规范示例
	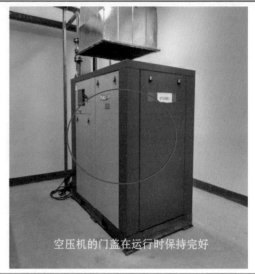
空压机的门盖在运行时被拆卸	空压机的门盖在运行时保持完好

引用依据：《航天武器装备安全生产标准化考评细则第 11 部分：通用设备与作业》（Q/QJA 101.11A—2016）25.2.3　螺杆式空压机的门、盖应确保运行时不得开启或拆卸。
主要危害：空压机门盖在运行时开启，易导致人员伤害。

隐患示例	规范示例

无管道介质流向标识	标注管道介质流向标识

引用依据：《航天武器装备安全生产标准化考评细则第 11 部分：通用设备与作业》（Q/QJA 101.11A—2016）26.1　架空敷设或外露的管道介质、流向和安全标识清晰，符合 GB 7231 的要求。
主要危害：在设备安装、使用、维护过程中介质流向安装设置错误导致设备损坏和人身伤害。

隐患示例	规范示例
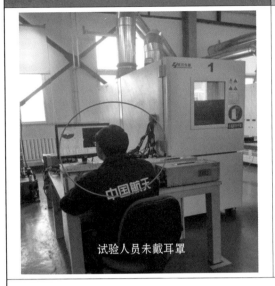	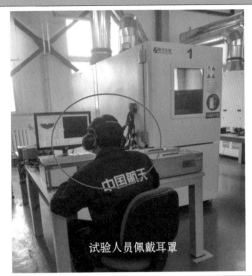
试验人员未戴耳罩	试验人员佩戴耳罩

引用依据：《航天武器装备安全生产标准化考评细则第 11 部分：通用设备与作业》（Q/QJA 101.11Λ—2016）高低温试验系统 44.2 操作人员应佩戴耳罩、高低温防护手套、安全带等个体防护用品。
主要危害：易造成操作人员听力损伤。

隐患示例	规范示例
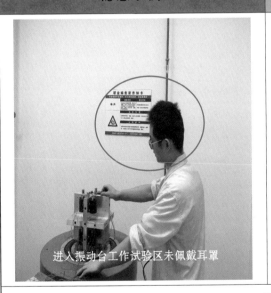	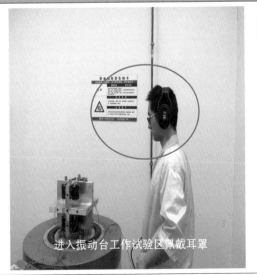
进入振动台工作试验区未佩戴耳罩	进入振动台工作试验区佩戴耳罩

引用依据：《航天武器装备安全生产标准化考评细则第 11 部分：通用设备与作业》（Q/QJA 101.11A—2016）44.2 操作人员应佩戴耳罩、高低温防护手套、安全带等个体防护用品。
主要危害：易造成操作人员听力损伤。

隐患示例	规范示例
 高低温试验人员取产品未佩戴手套	 取高温产品佩戴隔热手套

引用依据：《航天武器装备安全生产标准化考评细则第 11 部分：通用设备与作业》（Q/QJA 101.11A—2016）高低温试验系统 44.2 操作人员应佩戴耳罩、高低温防护手套、安全带等个体防护用品。

主要危害： 未佩戴手套取产品，易造成操作人员手部烫伤。

隐患示例	规范示例
 高低温试验箱维保记录不完善	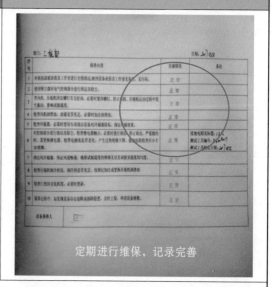 定期进行维保，记录完善

引用依据：《航天武器装备安全生产标准化考评细则第 5 部分：总装测试》（Q/QJA 101.5A—2016）表 5 无人机总装测试，1.2.7 厂房和实验室内的工具设备，应定期进行维护和检测，设备状态完好。

主要危害： 易导致操作人员烫伤或冻伤。

隐患示例	规范示例
 人员上岗证书过期	人员取得上岗证，持证上岗

引用依据：《航天武器装备安全生产标准化考评细则第 11 部分：通用设备与作业》（Q/QJA 101.11A—2016）44.4.3　操作人员培训合格后持证上岗，温度－振动试验时应双岗操作。

主要危害：未经培训持证上岗，易导致操作人员违章操作，造成人员伤害。

隐患示例	规范示例
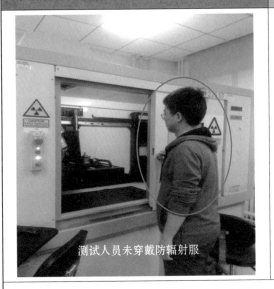 测试人员未穿戴防辐射服	 测试人员穿戴防护服及测试笔

引用依据：《航天武器装备安全生产标准化考评细则第 11 部分：通用设备与作业》（Q/QJA 101.11A—2016）85　3）人员经过培训持证方可操作设备，人员按规定穿戴个体防护用品。

主要危害：未穿戴防辐射服易造成操作人员辐射伤害。

隐患示例	规范示例
 放射源库房未设置入侵报警和视频监控装置	 放射源库房设置入侵报警和视频监控装置

引用依据：《航天武器装备安全生产标准化考评细则第 5 部分：总装测试》（Q/QJA 101.5A—2016）表 5 无人机总装测试，1.2.7　厂房和实验室内的工具设备，应定期进行维护和检测，设备状态完好。
主要危害：未设置入侵报警和视频监控装置，易导致放射源丢失，造成人员辐射伤害。

隐患示例	规范示例
 放射源入侵报警和视频监控装置未正常运行	 放射源入侵报警和视频监控装置正常运行

引用依据：《放射性同位素与射线装置安全和防护管理办法》（中华人民共和国环境保护部令第 18 号）第五条　生产、销售、使用、贮存放射性同位素与射线装置的场所，应当按照国家有关规定设置明显的放射性标志，其入口处应当按照国家有关安全和防护标准的要求，设置安全和防护设施以及必要的防护安全联锁、报警装置或者工作信号。
主要危害：发生放射源丢失或被盗等异常情况时不能及时响应。

隐患示例	规范示例
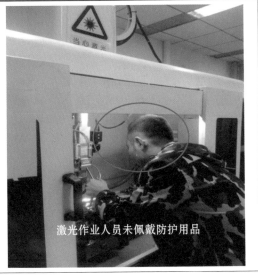 激光作业人员未佩戴防护用品	 激光作业人员佩戴防护眼镜和口罩

引用依据：《航天武器装备安全生产标准化考评细则第 11 部分：通用设备与作业》（Q/QJA 101.11A—2016）85　3）人员经过培训持证方可操作设备，人员按规定穿戴个体防护用品。

主要危害：未佩戴防护用品导致眼部伤害。

6.2　外场试验场所

隐患示例	规范示例
 发动机测试过程中未对相关区域进行警戒	 发动机测试过程中对相关区域进行警戒

引用依据：《航天武器装备安全生产标准化考评细则第 5 部分：总装测试》（Q/QJA 101.5A—2016）2.2.2　试车必须在指定区域内进行，并设定安全警戒区。

主要危害：螺旋桨飞桨导致机械伤人。

隐患示例	规范示例
 发动机测试过程中试验人员 未按要求佩戴防护耳罩	 发动机测试过程中试验人员 按要求佩戴防护耳罩

引用依据:《航天武器装备安全生产标准化考评细则第5部分:总装测试》(Q/QJA 101.5A—2016)
2.2.3 现场发动机试车人员必须佩戴护耳器。
主要危害:发动机噪声导致听力损伤。

隐患示例	规范示例
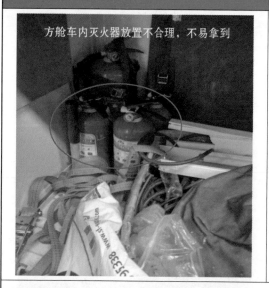 方舱车内灭火器放置不合理,不易拿到	 灭火器挂置于方舱车车门处,方便拿取

引用依据:《航天武器装备安全生产标准化考评细则第1部分:综合管理》(Q/QJA 101.1A—2016)
16.3.2 定期对应急设施、装备和物资进行检查、维护、保养,确保完好可靠。
主要危害:发生火灾时,不能及时拿取灭火,导致火灾伤人。

隐患示例	规范示例
 外场试验中使用的手持电动工具 不在计量有效期内	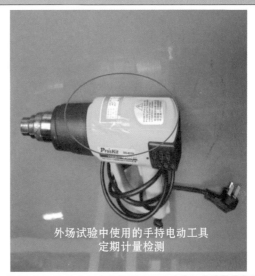 外场试验中使用的手持电动工具 定期计量检测

引用依据：《航天武器装备安全生产标准化考评细则第 11 部分：通用设备与作业》（Q/QJA 101.11A—2016）35.1.3　每年至少二次定期检测，应有记录，并在合格工具的明显位置标识。
主要危害：未检测有漏电的危险。

隐患示例	规范示例
 方舱车行驶过程中未对固定 装置的安全可靠性进行确认	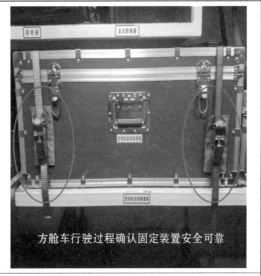 方舱车行驶过程确认固定装置安全可靠

引用依据：《航天武器装备安全生产标准化考评细则第 5 部分：总装测试》（Q/QJA 101.5A—2016）8.2.5　产品放置于架车上应固定可靠。
主要危害：产品滑落导致产品损坏或伤人。

隐患示例	规范示例
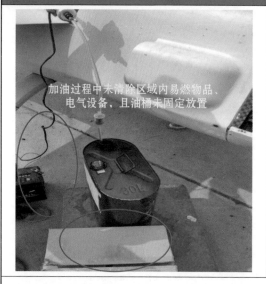	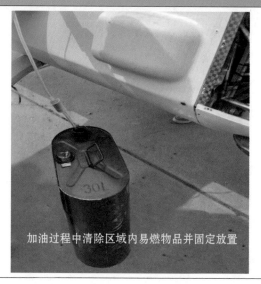

引用依据：《航天武器装备安全生产标准化考评细则第 5 部分：总装测试》（Q/QJA 101.5A—2016）
2.1.2　加油必须在指定位置进行，周围设安全隔离区，10 m 范围内无明火和点火源。
主要危害：易导致火灾发生。

隐患示例	规范示例
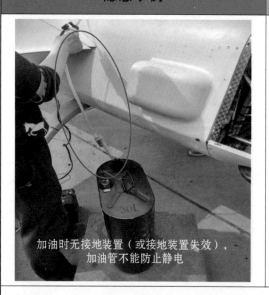	

引用依据：《航天武器装备安全生产标准化考评细则第 5 部分：总装测试》（Q/QJA 101.5A—2016）
2.1.4　加油时要求有接地措施，使用过滤装置，禁止在飞机加电时加注燃油。
主要危害：无接地导致静电起火，发生火灾。

隐患示例	规范示例
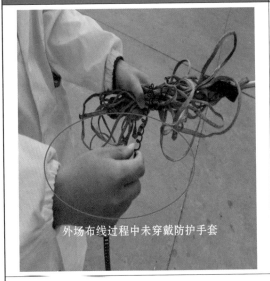 外场布线过程中未穿戴防护手套	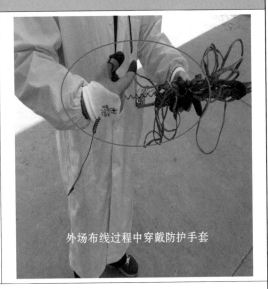 外场布线过程中穿戴防护手套

引用依据：《航天武器装备安全生产标准化考评细则第 5 部分：总装测试》（Q/QJA 101.5A—2016）
2.1.1　进入作业现场应正确穿戴防静电服、防静电等个体防护用品。
主要危害：捆扎线缆导致割伤或划伤。

隐患示例	规范示例
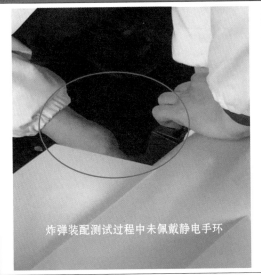 炸弹装配测试过程中未佩戴静电手环	 炸弹装配测试过程中正确佩戴静电手环

引用依据：《航天武器装备安全生产标准化考评细则第 5 部分：总装测试》（Q/QJA 101.5A—2016）
2.1.1　操作人员应穿戴防静电服、帽、鞋，佩戴导消静电腕带，并可靠接地。
主要危害：未接地导致产品损坏，引起火工品爆炸。

隐患示例	规范示例
 机库配电柜有杂物、柜门未关闭	 机库配电柜无杂物、柜门关闭、警示标识齐全

引用依据：《航天武器装备安全生产标准化考评细则第 11 部分：通用设备与作业》（Q/QJA 101.11A—2016）33.2.3　箱（柜、板）前方（或下方）1.2 m 的范围内应无障碍物；33.2.4　箱（柜、板）应关闭严密，出线严禁承受外力，线路压接紧固，不得扭接松动；33.2.5　箱（柜、板）上应无飞线，箱（柜）内无杂物。

主要危害：漏电导致人员触电或火灾。

隐患示例	规范示例
 通电测试过程中，现场无专人监督	 通电测试过程中，现场专人监督且配备有效的灭火器

引用依据：《航天武器装备安全生产标准化考评细则第 5 部分：总装测试》（Q/QJA 101.5—2016）4.2.7　通电测试必须保证全过程有人员监督。

主要危害：电池充电过程中过充或短路产生火灾。

隐患示例	规范示例
 发动机测试密闭场所存放燃油	 发动机测试密闭场所无存放燃油

引用依据：《航天武器装备安全生产标准化考评细则第 5 部分：总装测试》（Q/QJA 101.5－2016）
2.1.5　燃油不得存放于试车场所。
主要危害：燃油挥发形成易燃性气体混合物，遇明火发生火灾。

隐患示例	规范示例
 微波暗室灭火装置配备不齐	 配备、配齐符合要求的灭火器

引用依据：《航天武器装备安全生产标准化考评细则第 6 部分：航天电子》（Q/QJA 101.6A—2016）
8.6.7　暗室消防系统、灭火装置齐全。
主要危害：火灾。

隐患示例	规范示例
 微波测试时屏蔽门未关闭紧密	 微波测试时屏蔽门关闭紧密

引用依据：《航天武器装备安全生产标准化考评细则第6部分：航天电子》（Q/QJA 101.6A—2016）8.6.8　微波测试时，控制间与测试间隔离，测试间屏蔽门关闭紧密，试验完成电源关闭后，方可开启屏蔽门。

主要危害：微波泄漏，长时间接触造成职业病。